分子レベルで見た触媒の働き

反応はなぜ速く進むのか

松本吉泰 著

ブルーバックス

装幀／芦澤泰偉・児崎雅淑
カバーイラスト・もくじ・章扉／中山康子
図版／さくら工芸社

はじめに

　近代的な物理や化学の基礎がまだ完成されていない19世紀、好奇心あふれる科学者たちは身の回りで起きるいろいろな不思議な現象の本質を解明しようとしていた。ドイツの化学者デーベライナー（Johann Wolfgang Döbereiner）は、白金の微粉末に水素を吹きかけると、低温でも燃焼することを発見した。彼はこの現象を利用して「デーベライナー・ランプ」といわれるランプを製作している。

　一方、酵母によって糖からアルコールができることは古くから知られており、19世紀半ばには、でんぷんがアミラーゼによって分解されることが報告されている。このような化学反応を起こす物質は、ドイツの生理学者であるキューネ（Wilhelm Kühne）により「酵素」と命名された。

　これらの現象における共通点は、白金も酵素も**化学反応の前後でまったく変化しない**ということである。

　スウェーデンの化学者であるベルセーリウス（Jöens Jakob Berzelius）は、1835年に「これらの無機物質や有機物質で共通に見られる化学作用を発現する新しい力の本質は、まだ自然により巧妙に私たちの目の前から隠されている。そこで、これに**触媒作用**という用語をあてよう」と記している。この「**触媒**」という用語は英語では

catalyst、触媒がおよぼす化学的作用のことを catalysis という。catalysis はもともとギリシャ語の溶解という意味を持つ語に由来している。彼がどうしてこの語を選んだのかは必ずしも明らかではないが、「自分自身は変化しないが、それと接触する物質に化学変化を起こさせるもの、およびその化学的作用」として触媒と触媒作用を定義している。日本では明治時代に翻訳するにあたり、「触れるだけで、自分は変化しないのに相手を変化させるもの」という意味で触媒と命名されたようだ。

さて現在日本の高校では、触媒を「それ自身は変化しないが反応の速度を大きくする物質」あるいは「反応の前後でそれ自身は変化しないで、活性化エネルギーを減少させる物質」と教えているようである。

確かにこれらは、触媒の定義として間違ってはいない。しかし、この定義といくつかの触媒反応を知っただけでは、触媒の理解には到底至らない。19世紀にベルセーリウスが発した問い、「触媒作用の本質はいったい何か」ということに対して、その後の研究により触媒作用の理解がどのように進んできたかを、21世紀に学ぶ高校生は知らずに卒業してしまう。そして、残念ながら化学系に進学した大学生においてもこの状況はさほど変わらない。

「活性化状態」とは具体的にいったい何なのか、またそれを変化させる原因は何か、反応の途中で触媒はまったく変化しないのかなど、少し考えるといろいろな疑問が湧いてくるにもかかわらず。

物事の理解には種々のレベルがある。単に形式的な定義

はじめに

のみを知って、分かった気になる人もいるだろう。しかし、化学反応というのは化合物である分子がそれを構成する原子の結合を組み換え、新しい化合物に変化する過程である。したがって、これに関わる触媒の働きは、やはり「原子・分子のレベルでどうなっているか」を知ることこそが、真の意味での理解という言葉にふさわしい。

　そこで本書は、触媒やその作用を分子レベルで解明するために行われてきた研究の歴史を振り返りながら、触媒の働きの真の理解を目指す。

　私たちの身の回りにはいろんな触媒作用がある。いや、むしろ「触媒作用に満ち溢れた世界」の中で生きているといっても過言ではない。その中でも人間の生活に最も大きなインパクトを与えた触媒反応を一つ挙げるとすると、それは「ハーバー‒ボッシュ法」とよばれる、窒素と水素からアンモニアを合成する反応であろう。「空気からパンを作った」といわれる程に、20世紀初頭の人類の食糧危機を救った偉大な方法である。そこで、本書の主題の一つである触媒研究の代表例として、まずこの方法とその開発に関わるハーバーとボッシュの物語から始めよう。そして、本書のもう一つの主題である、触媒反応の分子レベルでの理解を目指した「表面科学」という研究分野の導入として、ラングミュアという科学者のことを話そう。

　ようこそ、触媒の世界へ。

もくじ

はじめに *3*

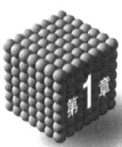

第1章 触媒と表面科学 ●●●●●●●●●●●●●●●●● *11*

- 1.1 1909年7月2日、カールスルーエ工科大学にて *12*
- 1.2 20世紀初頭の食糧危機 *14*
  - なぜ窒素が必要か *14*
  - 当時の窒素源 *16*
  - 身近な窒素源 *17*
- 1.3 ハーバー‐ボッシュ法 *18*
  - 1.3.1 ハーバー以前のアンモニア合成の試み *18*
  - 1.3.2 ハーバーの参入 *20*
  - 1.3.3 アンモニア合成の原理実証 *22*
  - 1.3.4 BASF社による工業化 *25*
  - 1.3.5 アンモニア合成の光と影 *27*
- 1.4 不均一触媒反応 *28*
  - 三元触媒 *29*
  - 燃料電池 *30*
- 1.5 表面科学の幕開け *32*
  - 1.5.1 ラングミュアの着想 *32*
  - ラングミュアの生い立ち *34*
  - 白熱電球の研究 *35*
  - 1.5.2 ラングミュアの吸着等温線 *37*
  - 1.5.3 吸着等温線が生まれた背景 *40*

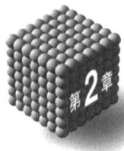

第2章 触媒とは ●●●●●●●●●●●●●●●●●●●●● *49*

- 2.1 化学反応はどの方向に進むか *50*
  - 発熱反応と吸熱反応 *51*
  - エンタルピー *52*
  - エントロピー *54*

　　　　　自由エネルギーで考えよう *59*
　　　　　平衡と自由エネルギー変化 *60*
● 2.2　化学反応の速度 *61*
　　　　　熱力学にも限界がある *61*
　　　　　反応の進行の様子は速度論で考える *62*
　　　　　アレニウスの式 *64*
　　　　　熱力学と速度論との関係 *68*
● 2.3　律速段階 *68*
● 2.4　触媒作用 *70*

第3章　表面科学の戦略 ●●●●●●●●●●●●●●●●●● *73*

● 3.1　触媒反応の分子レベルでの理解に向けて *74*
● 3.2　悪魔が作った表面 *75*
　　　　　神が創った結晶 *75*
　　　　　悪魔が作った表面 *76*
● 3.3　表面科学の戦略 *78*
　　　　　3.3.1　超高真空とは *80*
　　　　　なぜ超高真空が必要か *80*
　　　　　超高真空を得るためには *82*
　　　　　3.3.2　単結晶とは *84*
　　　　　担体の表面積 *84*
　　　　　単結晶表面 *85*
● 3.4　アンモニア合成反応のメカニズム *88*
　　　　　エルトルによる反応機構の解明 *88*
　　　　　反応の律速段階はどこか *89*
　　　　　鉄表面の原子配列によって反応活性は異なる *96*
● 3.5　過ぎたるは及ばざるがごとし *97*
　　　　　どうして触媒が働かなくなるのか *98*
● 3.6　触媒における元素戦略 *100*
　　　　　元素の周期表 *100*
　　　　　火山プロット *104*

第4章 固体表面における分子の動き ●●●●●●●● *107*

4.1 吸着と脱離 *108*

  4.1.1 分子レベルで見た吸着過程 *108*

  ポテンシャルエネルギー曲面で考えよう *108*

  ポテンシャルエネルギー曲線上の分子の運動は
                ジェットコースターに似ている *110*

  分子が表面に吸着するためには自己の
              エネルギーを失わなければならない *113*

  4.1.2 吸着時における表面での移動距離 *120*

  分子の振動に着目する *120*

  一酸化炭素とは *125*

  分子は振動することにより赤外光を
              吸収したり放出したりできる *126*

  分子は吸着すると振動の波数が変化する *128*

  階段のある表面に吸着するCO分子 *129*

  ステップ対テラス *131*

  微斜面への吸着実験 *132*

  ビュフォンの針 *134*

  4.1.3 銅表面での水素分子の解離吸着 *136*

  解離吸着:さらに深いポテンシャルエネルギーの井戸 *136*

  解離吸着へのエネルギー障壁 *137*

  気相にある水素分子のポテンシャルエネルギー曲線 *139*

  2次元のポテンシャルエネルギー曲面で考えよう *140*

  峠をうまく越えるには *143*

  4.1.4 水素の脱離 *145*

  エネルギーの行き先 *146*

  4.1.5 アルミニウム表面上での酸素の解離吸着 *149*

  表面の原子を見る *150*

  電子は表面から真空側へ滲み出す *152*

  STMは電子の滲み出しを利用する *153*

大きな探針で原子の像が観察できる理由　156
　　　吸着するサイトにはいくつも種類がある　157
　　　金属表面に吸着した酸素原子の分布　160
- 4.2　表面反応　165
　　4.2.1　反応のメカニズム　165
　　4.2.2　COの酸化　167
　　　CO_2は折れ曲がり運動をしながら脱離する　168
　　　平坦な表面ではCO_2は表面法線方向に脱離する　170
- 4.3　実時間で表面上の分子の動きを見る　173
　　4.3.1　分子の運動を実時間で見るためには　174
　　4.3.2　瞬時に物質を温める　176
　　　光のパルスに指揮者の役割を担わす　177
　　　原子たちの音楽を聴くには　181
　　　原子集団のそろった振動運動　182
　　4.3.3　アルカリ金属原子の運動　186
　　　表面のことは表面鋭敏な信号でないとわからない　186
　　　金属表面上での原子のダンス　188
　　4.3.4　CO吸着分子の運動　190
　　　ステップからテラスへの超高速移動　190
　　　吸着種と表面との間の振動モード　191
　　　サイト間ジャンプに有効に働く振動モード　193

第5章　触媒研究の最前線　197

- 5.1　触媒というブラックボックス　198
　　観測の方法　198
　　チューリングテスト　199
　　ブラックボックスを解き明かすプローブを探す　200
- 5.2　表面科学と触媒との間の深い溝　202
　　5.2.1　プレッシャーギャップ　202

5.2.2 マテリアルギャップ 203
5.2.3 ギャップ克服の試み 204
- 5.3 高圧下での表面の構造 205
  5.3.1 CO雰囲気下の白金表面：
  　　　高圧STMによる観察 205
  5.3.2 銅ナノ粒子表面の構造変化：
  　　　雰囲気下電子顕微鏡による観察 209
  　　　雰囲気下の電子顕微鏡 211
  　　　反応性ガスの圧力下での銅ナノ粒子の形状変化 214
- 5.4 高圧下での表面反応 217
  5.4.1 雰囲気下光電子分光 217
  　　　雰囲気下での測定への工夫 221
  5.4.2 パラジウム表面の酸化 222
  5.4.3 一酸化炭素の酸化 226
  5.4.4 合金による触媒反応の活性化 228
  　　　白金と金との合金による飽和炭化水素の変換 229
  　　　ロジウムとパラジウム合金による水蒸気改質 233
- 5.5 マテリアルギャップの克服に向けて 238
  　　　酸化物超薄膜上のモデル触媒 238
  　　　構造のそろった結晶粒子 239

第6章 未来を担う触媒へ 243

- 6.1 21世紀の人類が直面する問題：エネルギー危機 244
- 6.2 太陽光の利用 245
- 6.3 そして人工光合成へ 247

おわりに 254

参考文献 256

さくいん 259

第1章 触媒と表面科学

1.1　1909年7月2日、カールスルーエ工科大学にて

　1909年7月2日はドイツのカールスルーエ工科大学の教授になって間もないフリッツ・ハーバー（Fritz Haber）にとって、人生の一大転機となる記念すべき日となった。そしてまた、人類にとってもこの日はきわめて重要な日となった。ハーバーはその前年の1908年にアンモニア合成に関する研究について世界最大の化学会社であるドイツのBASF（Badische Anilin-und Soda-Fabrik）社と契約をしており、この日、BASF社の技術者のカール・ボッシュ（Carl Bosch）とアルヴィン・ミッターシュ（Alwin Mittasch）の前でその成果を見せることになっていた。彼の考案した方法は、水素分子と窒素分子を高温、高圧下で反応させ、アンモニアを合成するというものだった。

$$N_2 + 3H_2 \rightarrow 2NH_3 \qquad (1.1)$$

　これには以下で述べるように、100気圧以上、500℃程度の条件下で反応を起こすことが必要で、ボッシュをはじめとするBASF社の技術者たちはこのような高温・高圧条件を要する化学プラントの実現にたいへん懐疑的だった。

　その日、ハーバーは彼と助手である英国人のル・ロシニョール（Robert Le Rossignol）らとで苦労の上立ち上げたアンモニア合成装置（図1.1）を使って合成実験を開始したが、その実験は見事に失敗してしまった。ル・ロシニョールが懸念していたように、装置の一部が高圧に耐えら

第1章　触媒と表面科学

図1.1　ハーバーとル・ロシニョールらが作製したアンモニア合成装置

れず壊れたからである。もともとこの実験に懐疑的であったボッシュは失望してその場を去ってしまう。このことでハーバーはたいへん落胆するが、それにもめげず彼らは装置を補修し、残っていたミッターシュの前でもう一度合成実験を行った。今度は装置は壊れない。そして、装置の最後のバルブを捻ったところ、一昔前のトイレではおなじみのあの強い刺激臭とともに液化されたアンモニアがしたたり落ちた。アンモニア合成実験の成功である。これを目の当たりにして興奮したミッターシュは、すぐに合成成功の報をボッシュに送った。そして、この実験成功を契機にBASF社はアンモニア合成の工業化に本格的に乗り出すことになった。

　冒頭に述べたように、この日はその後ハーバー‒ボッシュ法と呼ばれる化学工業では最も重要な合成方法、すなわち、窒素と水素からアンモニアを合成する方法を工業化す

るための重要な一歩が記された記念すべき日となった。この合成方法の開発がその後の人類に決定的な役割を果たすことを考えると、これは科学史上で最も重要な研究成果の1つともいうべきものである。それでは、どうしてこのアンモニア合成がそれほど重要な意義を持っているのだろうか。

1.2 20世紀初頭の食糧危機

■なぜ窒素が必要か

私たちは植物をはじめとしていろいろなものを食べることにより、生命を維持している。さまざまな栄養素があるが、炭水化物、たんぱく質、脂質の三大栄養素にビタミンとミネラルを加えたものを五大栄養素といい、私たちはこれらの栄養素をすべてバランスよく食すことにより、健康な身体を維持することができる。その中でも炭水化物である穀物は主食であり、私たちが生きていく上でのエネルギー源である。

20世紀初頭の世界というのは、現在と似通ったところがある。現在、人類が直面している深刻な問題としては枯渇していく石油などの化石燃料に代わるエネルギー源の開発を含めたエネルギー危機とともに、大気汚染や温暖化といった環境問題が挙げられる。そして、その根本には人口の爆発的な増加という状況がある。人口が増えれば、それだけ食糧、エネルギーが必要であるし、社会生活の中で不可避的に出るさまざまな排出物による環境問題が付随してく

る。

　19世紀から20世紀にかけて世界人口が10億人から16億人に増加するにいたって、20世紀の初頭には人類は深刻な食糧危機に直面していた。人口が爆発的に増加する中、当時の穀物の生産性は低かった。食糧危機に陥らないためには、新たに耕地面積を増やすか、単位耕地面積あたりの生産性を飛躍的に向上させねばならない。このうち、耕地面積を増やすことは気候条件を考えると容易ではなく、やはり生産性を上げることが最も望まれていた。そこで、1898年9月には英国のウィリアム・クルックス卿（Sir William Crookes）が、イギリスをはじめすべての文明国は食糧危機に直面しており、これを克服するためには空気中の窒素固定が必要である、と異例のアピールを学会講演で行っている。空気中の窒素固定とは、窒素分子をアンモニアなどの有用な化学物質に変換するということである。

　どうして当時は穀物の生産性が低かったのか。穀物を育てるには、もちろん滋味あふれる大地と水と太陽の光が必要である。植物は土壌中に含まれるさまざまな養分を吸い上げて育つ。私たち人間はこのようにして栽培した植物をその土地から取り去っていくわけだから、当然土壌中の養分はそのたびに減ってしまう。したがって、収穫後に土壌中の養分を補填しなければ、翌年に農作物の豊穣な収穫は得られない。つまり、連作して毎年収穫を得るためにはよい肥料が必要である。

　植物を栽培するには多くの種類の元素が必要である。おおむね、窒素、リン、カリウム、カルシウム、酸素、水

素、炭素、マグネシウム、硫黄、鉄、マンガン、ホウ素、亜鉛、モリブデン、銅、塩素の16元素が必要だといわれている。もちろん、これらのすべての元素のどれもが大量に必要というわけではない。元素によっては微量でよいものもある。しかし、この中では窒素、リン酸、カリウムは肥料の三要素といわれ、大量に植物が消費するものである。特に、窒素は植物を大きく生長させるためには不可欠な元素である。

■当時の窒素源

今でこそ見かけることはなくなったが、私がまだ子供だった頃、水田の近くには異臭を放つ場所があり、子供たちには怖れられていた。私は関西の出身だが、私たちはそこを「どつぼ」と呼んでいた。すなわち、どつぼとは肥溜めのことで、そこには農家が一般の民家から集めてきた人糞が溜めてあった。農家の人が長い棒の前後に桶を振り分けにして担いだり、荷車に載せて肥やしを運んでいる風景をよく見たものである。だから、子供たちにとって、遊びに夢中になり、走り回っているうちに誤ってどつぼに落ちることは悪夢だった。どれほどたいへんなことになるかは容易に想像できよう。今でも、最悪の状況に陥ることを「どつぼに嵌る」という。

すなわち、人糞こそが人類が昔から使ってきた「人工肥料」の1つだった。これは人間の排出物には窒素化合物をはじめとした、植物を育てる上でいろいろ有用な物質が含まれているからである。したがって、堆肥と人糞などの肥

やしにより当時の農業は行われていた。

ヨーロッパの国々では、通常の肥やしとは別の窒素源として、グアノとよばれる糞化石を使用していた。これは、伝統的に用いられてきた肥やしに比べて何十倍も窒素の含有量が多い。ペルー、チリ、エクアドルなどの南米の海岸線には大昔から多数の海鳥が繁殖しており、海鳥が何世代にもわたって排泄した「落とし物」や、死骸が溜まりに溜まって、長い年月かかって化石化したのがグアノである。この他には、チリで採掘された硝酸ナトリウムを主成分とするチリ硝石を輸入して使用することも行われた。

しかし、人糞を使いまわすにも限りがあるし、グアノもチリ硝石も有限な資源である。これらに頼っている農業が将来の人口爆発に対処できないことは明白だった。

■身近な窒素源

このように貴重な窒素化合物だが、私たちの身の回りには窒素化合物はそんなに少ないのだろうか。現実はむしろまったく逆で、私たちは窒素化合物にとりかこまれて生きている。すなわち、私たちは空気の中で生きており、空気の約8割は窒素化合物、すなわち窒素分子（N_2）である。こんなに身近に豊富な窒素源があるにもかかわらず、どうして人類はこれを肥料として使うことができなかったのだろうか。

その答えは簡単である。肥料の有用な成分が植物に取り込まれるためには、その化合物が水に溶けねばならない。つまり、水溶性でなくてはならない。窒素分子はどうだろ

うか。これはほとんど水には溶けない。したがって、窒素分子は豊富な窒素源であるにもかかわらず、そのままでは肥料として使えない無用の長物である。これを水溶性にして肥料とするには、窒素分子を水溶性の窒素化合物に変換しなければならない。すなわち、この窒素を使える形にすること、つまりクルックス卿がアピールした「窒素の固定化」を行う必要がある。

「言うは易く、行うは難し」である。高校の化学で学んだように、窒素分子は2つの窒素原子からなり、これらは三重結合というきわめて強い結合で結ばれており、たいへん安定な物質である。窒素分子を他の分子に変換するにはこの強力な結合を切断しなければならず、これには大きなエネルギーが必要である。

　冒頭で述べたようにハーバーは、窒素分子と水素分子を反応させ、まさに水溶性のアンモニアを合成するのに成功したのである。しかし、これにはあるトリック、すなわち、秘密の物質が必要だった。そして、この秘密の物質こそ**触媒**とよばれる物質である。

1.3　ハーバー-ボッシュ法

1.3.1　ハーバー以前のアンモニア合成の試み
　まず、アンモニア合成の歴史を辿ってみよう。窒素と水素からアンモニアを合成する試みは、19世紀末からその当時の著名な化学者たちによってすでに行われていた。

　例えば、ヴィルヘルム・オストヴァルト（Friedrich

Wilhelm Ostwald）は、アンモニアの分解に効果的な触媒はその合成にも有効なはずという発想のもと、窒素と水素を鉄触媒のもとで高温に加熱することによりアンモニアを合成しようとした。1900年にはそれに成功したという実験結果を化学会社のBASF社に伝えている。BASF社はただちにこれを本格的に研究することを決意し、ボッシュにこの実験の追試をするように指示した。

ボッシュは当時、その前年に入社したばかりの新米研究員であった。彼はオストヴァルトの実験を追試し、オストヴァルトが合成したと主張したアンモニアは鉄触媒に含まれている鉄窒化物（Fe_3N）が高温で水素化されて生成したことに過ぎないことを発見した。すなわち、オストヴァルトが合成したと信じたアンモニアは窒素と水素からできたものではなかったのである。オストヴァルトはこの報告を聞いた時、「化学の何たるものかも知らない若造にこのような大事なことを任せるから、何も意味のあることが出てこない」とボッシュを非難した。オストヴァルトは触媒作用、化学平衡や反応速度に関する研究によって1909年にノーベル化学賞をもらうほどの学者だったのだから、駆け出しのボッシュを見下す気持ちがあったのかもしれない。しかし、オストヴァルトは最終的には自分の誤りを認めるに至った。

一方、化学平衡におけるルシャトリエの法則で有名なルシャトリエ自身もこれに挑戦している。彼は、平衡の理論から鉄触媒のもとでアンモニア合成に必要な温度と圧力を計算し、実験を行った。しかし1901年、実験中に反応容器

が爆発してしまい、これ以上の実験の継続を断念してしまった。

熱力学の第三法則を発見したヴァルター・ネルンスト（Walther Hermann Nernst）も、後述するアーヴィン・ラングミュア（Irving Langmuir）とともに窒素酸化物を経由してアンモニアを合成することを試みていた。オストヴァルト、ルシャトリエ、ネルンストと、当時では勃興期にあった物理化学という新しい学問分野を開拓し確立した錚々たる研究者が、この問題に挑戦していたのである。このことからも、アンモニア合成がいかに重要で必要性にかられていたかが理解できる。

1.3.2　ハーバーの参入

ハーバーは1868年にプロイセンのブレスラウ（現ポーランドのヴロツワフ）に生まれた（図1.2）。ベルリンで有機化学を勉強した後、イェーナ（Jena）大学の助手、カールスルーエ（Karlsruhe）工科大学の助手を経て、1906年に同大学の物理化学・電気化学の教授となっている。当時のドイツは化学、その中でも有機化学の研究がたいへん進んでいたので、ハーバーも最初はこの分野で身を立てようとしていた。しかしその頃、ちょうど物理化学という新しい分野が勃興しており、彼はほぼ独力で勉強し、この分野に入っていく。当時の物理化学研究の中では、特に、気相反応（気体での反応）における熱力学が最先端の分野の1つであった。

1904年、30代半ばの野心家であったハーバーはアンモニ

図1.2 フリッツ・ハーバー（1868-1934年）

ア合成の研究を始めた。以下、彼が行ったことを簡単に年代を追って見てみよう。

彼が最初にやったのは高温でのアンモニア平衡濃度の測定である。彼の結果はネルンストの理論値や実験値よりもずいぶん大きく、1907年のドイツ化学会にてネルンストに厳しく批判された。カールスルーエ工科大学の教授となって間もない若いハーバーにとって、その頃はもう大御所的存在であったネルンストの批判は相当こたえたことだろう。

しかし彼はそれにもめげず、1908年に当時の最大の化学会社BASFと電気アーク法による窒素と酸素から窒素酸化物を作るプロジェクトの契約をして、研究を続行させる。電気アーク法とは気体中でアーク放電させることにより窒

素などを分解する方法であるが、この方法ではアンモニアの大量生産はとてもおぼつかないことを彼は学んだ。そこで、ハーバーは、おそらく1903年ごろから、前述した窒素分子と水素分子から水溶性のアンモニアを合成する研究に着手したようである。

1.3.3 アンモニア合成の原理実証

それでは、ここからハーバーとボッシュが開発した窒素と水素からアンモニアを合成する反応について、具体的に考えてみよう。

窒素分子と水素分子からのアンモニア合成は全体として

$$N_2 + 3H_2 \rightleftarrows 2NH_3 \tag{1.2}$$

のように、窒素1分子と水素3分子からアンモニア2分子ができるという反応式で表される。この反応がある温度と圧力の下で進行するとすると、窒素と水素の混合気体の体積が元の半分になることが、この式からすぐにわかる。したがって、高校の化学でも習ったルシャトリエの法則、すなわち、「平衡状態にある反応系において、温度や圧力を変化させると、その変化を相殺する方向へ平衡は移動する」によると、圧力を高くするほどこの反応は右側、すなわちアンモニアを生成する方に平衡がずれる。

ちなみに、平衡にある窒素、水素、アンモニアの圧力をそれぞれ p_{N_2}、p_{H_2}、p_{NH_3} とすると、平衡定数 K は

$$K = \frac{p_{\mathrm{NH_3}}^2}{p_{\mathrm{N_2}} \times p_{\mathrm{H_2}}^3} \tag{1.3}$$

である。この混合気体全体の圧力を α （>1）倍にしたとすると、それぞれの気体の圧力も α 倍されるので

$$\frac{(\alpha p_{\mathrm{NH_3}})^2}{\alpha p_{\mathrm{N_2}} \times (\alpha p_{\mathrm{H_2}})^3} = \alpha^{-2} \frac{p_{\mathrm{NH_3}}^2}{p_{\mathrm{N_2}} \times p_{\mathrm{H_2}}^3} \tag{1.4}$$

となる。加圧（$\alpha > 1$）しているので、このままでは上式の値は式（1.3）の K よりも $1/\alpha^2$ 倍小さくなる。しかし、一定の温度の下では平衡定数は一定なので、これを一定に保つには窒素と水素の圧力が減少し、アンモニアの圧力が増加しなければならない。すなわち、平衡はアンモニア生成側に傾く。

一方、この反応は 46kJ/mol の発熱反応であるため、温度を下げる程、アンモニア生成側に平衡は傾く。したがって、高圧、低温であるほどアンモニア合成には有利であることがわかる。実際、平衡時のアンモニア収量の温度、圧力依存性を示したのが図1.3である。平衡時のアンモニア収量はこの図で左上がりになっており、確かに高圧、低温であるほうが高い。

高圧にするにはもちろん圧力に耐える反応容器を用意しなければならない。一方、温度を下げると反応速度は低くなってしまい、平衡に達する時間はどんどん長くなってしまう。そこで、低温でも反応を促進させるための物質、すなわち触媒が必要となるのである。

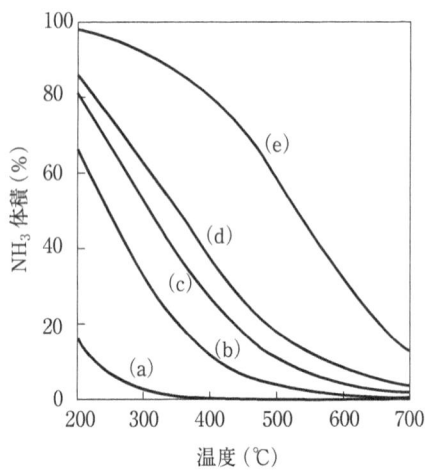

図 1.3 平衡時のアンモニア収量の温度、圧力依存性
(a) 1 (b) 30 (c) 100 (d) 200 (e) 1000 気圧

　この化学平衡を用いたアンモニア合成の原理実証にあたって、ハーバーが直面した問題は2つある。まず、技術的な困難として高圧セルの設計と反応ガスをいかに循環させるかという問題である。そして、それよりもより大きな問題はこの反応に有効な触媒を見出すことだった。

　1908年にはハーバーは現在の装置の原型となる反応装置に関する最初の特許を申請している。そして、彼は試行錯誤の中でオスミウムやウランを触媒として用いることにより、実験室レベルではアンモニア合成がうまくいくことに自信を深めた。そして1909年7月2日、この章の冒頭でも記したように、BASF社のメンバーの前でアンモニア合成の実験を成功させたのである。この成功はもちろんハーバ

ーの執拗なチャレンジ精神の賜物ではあるが、その陰に実際の実験を行ったル・ロシニョールや田丸節郎のような優れた実験化学者がいたことも忘れてはならない。

1.3.4　BASF 社による工業化

　この原理実証実験の成功を受けて BASF 社は工業化に踏み出す。その中心人物はいうまでもなくカール・ボッシュである（図1.4）。ハーバーの研究が窒素と水素からアン

図 1.4　カール・ボッシュ（1874-1940年）

モニアを合成することが可能であることを示した、いわゆる原理実証であったのに対して、ボッシュがやらねばならなかったのは大規模にアンモニア合成を行うことのできる化学プラントを立ち上げることだった。したがって、ここ

からはエンジニアリングの仕事となる。この目的にはボッシュは最適なエンジニアだった。

アンモニア合成に限らず工業化には原理実証とは質の違う困難さがつきまとう。原理実証実験では高価であろうが希少なものであろうが目的に最も適った材料と装置を用いて行えばよい。しかし、工業化するということは1日あたりの生産量も大規模でなくてはならず、化学プラントは長期間の使用に耐えるものでなくてはならない。また、用いる触媒も安価なものでなくてはならない。

1910年、ハーバーたちの高圧反応装置をスケールアップしたボッシュらの鋼鉄製の反応装置は反応中に爆発してしまう。装置の鋼鉄中の炭素が水素と高温・高圧のもとで反応してしまい、それが原因で容器が脆くなったのである。彼は炭素含量の少ない鉄を内側にし、その外側に頑丈な鋼鉄を配置した装置にするなど、いくつもの困難を忍耐強く乗り越えて反応装置を改良し、実用に耐えるものを作りだした。

アンモニア合成の工業化には頑丈な反応装置も大事な要因だが、それにもまして重要なことは安価で良い触媒を探すことだった。ハーバーが原理実証で用いたオスミウムなどは高価で、大規模な工業プラントに用いるわけにはいかない。ここで活躍したのはミッターシュである。実用に耐える良い触媒を暗中模索で探さねばならない。彼は何千という物質の組合せを用い、気の遠くなるほどの実験を繰り返し、有効な触媒を探すことに没頭する。最終的には、Fe_3O_4を主体としAl_2O_3、K_2O、CaO、SiO_2、MgOなど

が含まれている触媒にたどりついた。

そして、BASF社はついに1913年にオッパウ（Oppau）とロイナ（Leuna）にアンモニア合成のプラントを立ち上げ、工業化に成功した。

1.3.5　アンモニア合成の光と影

この結果、合成アンモニアを原料とした人工肥料が製造され、これによって単位耕地面積当たりの農業生産量は飛躍的に増加した。人々はこのアンモニア合成法をハーバー－ボッシュ法と呼び、彼等は「空気からパンを作った」として讃えられ、ハーバーは第一次世界大戦後の1919年に（実際には1918年の賞として）、ボッシュは1931年にノーベル化学賞をそれぞれ受賞している。

余談だが、大きな発明や発見には人類にとって良い面と悪い面が常につきまとう。アンモニア合成もその例外ではない。窒素化合物は肥料だけでなく爆薬製造にも欠かせない原料なのである。ドイツは第一次世界大戦中に海上を封鎖され、海外からの資源が入ってこなくなったが、このアンモニア合成のおかげで爆薬の原材料は輸入に頼ることなく製造しつづけることができた。これが大戦を長びかせた一因だとも考えられている。

アンモニア合成という輝かしい業績を挙げたハーバーは、1912年にベルリンに新設されたカイザー・ヴィルヘルム研究所の所長に就任した。しかし、第一次世界大戦が勃発し、彼の人生は暗転していく。戦時中に彼は、毒ガス兵器の製造に携わっただけではなく、自ら前線において将校

としてその使用の指揮にあたった。このため大戦後、彼にノーベル化学賞が授与されたことに対しては大きな反発があった。しかし、この受賞後、ハーバーは所長としてカイザー・ヴィルヘルム研究所を立て直し、世界の科学を牽引する1つのセンターに育てあげた。この研究所が現在、彼の名前を冠したフリッツ・ハーバー研究所である。

ハーバーはユダヤ人であるが、人一倍愛国心が強く、若い頃にキリスト教へと改宗しドイツ人として生きていくことに強いこだわりを持っていたようだ。第一次大戦中の毒ガス兵器の製造も、彼にとっては祖国へ忠誠を尽くすという意味があったのだろう。また彼は戦後、戦争に負けた祖国ドイツの窮乏を救うべく、海水から金を回収するというプロジェクトに精力を注ぐがこれは失敗に終わった。

そうこうするうちにナチ党の台頭とともにユダヤ人への迫害は激しくなり、カイザー・ヴィルヘルム研究所の所長であったハーバーにも危険が迫ってきた。結局、彼は石もて追われるように研究所の所長の任を解かれ、失意のうちに亡命したスイスで65歳の生涯を閉じた。科学史上はアンモニア合成という燦然(さんぜん)たる成果を挙げ、ユダヤ人ゆえに人一倍ドイツという国家に忠誠を尽くしたハーバーだったが、結局、祖国から見捨てられるという悲劇的な晩年であった。

1.4　不均一触媒反応

アンモニア合成で使用されるように、おおざっぱにいう

と本来たいへん遅い化学反応の速度を飛躍的に増加させることができる物質を**触媒**といい、またこの作用を**触媒作用**という。この触媒という概念はもっと広く適用することができる。例えば、ハーバー-ボッシュ法の場合は金属の粒子が触媒作用をもたらしたが、1分子が触媒作用を示す場合もある。また、私たちの体内でも食物として取り込んだ物質を消化したり、筋肉を動かしたりする際に様々な化学反応を起こしているが、これには酵素という分子が触媒として働いている。したがって、私たちの生活は触媒作用なしでは成り立たない。

1分子でも触媒作用を示すような触媒は均一な溶液中に溶けているため、このようなものを均一触媒という。これに対して、アンモニア合成のように金属粒子が触媒作用を示すものでは、反応が金属粒子の表面で起きる。異なる物質相の間を界面というが、界面を利用して触媒作用を起こすようなものを不均一触媒と呼んでいる。本書はこの不均一触媒反応が主題である。

アンモニア合成の他にも、私たちの身の回りにはいろいろな触媒反応が利用されている。そのような触媒の例を以下にいくつか挙げておこう。

■三元触媒

自動車はガソリンを燃やし、そのエネルギーを機械的な動力に変換している。このガソリンの燃焼では空気中の酸素によってガソリンが二酸化炭素（CO_2）と水（H_2O）に変換される。ガソリンの中には窒素が含まれており、これ

が酸化されるとNO$_x$と呼ばれる窒素酸化物も同時に発生する。また、不完全燃焼のために有害な一酸化炭素（CO）や炭化水素も排出される。これらの排気ガスに含まれる分子が深刻な大気汚染を引き起こす。そこで、排気ガスを自動車のエンジンから大気中に出す前により安全な物質に変換しなければならない。このために開発されたのが三元触媒である（図1.5）。

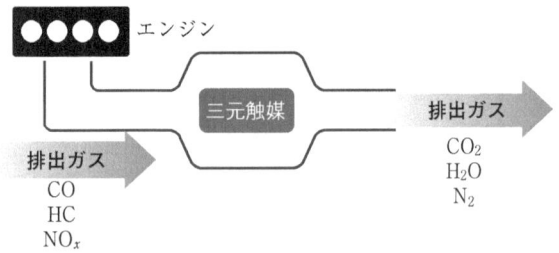

図 1.5　自動車の排気ガスの有害成分を無害化する触媒が充填された装置

　三元という名前は前述した排ガス中の3種類（NO$_x$、CO、炭化水素）の有害物質を同時に除去できるということに由来している。すなわち、この触媒によりNO$_x$を還元して窒素分子に、また、炭化水素やCOを完全に酸化することにより水と二酸化炭素に変換する。この触媒作用を担っているのがプラチナ、パラジウム、ロジウムなどの希少金属である。

■燃料電池

　最近、新たな電力源として燃料電池が注目されている。燃料にはメタノールや水素が用いられるが、ここでは水素を燃料とした場合を考えてみよう。この燃料電池の原理は、水の電気分解の逆反応を利用することである。図1.6(a)に示したように、高校の化学の授業で水に2つの電極を入れ、これに電圧をかけると、水素と酸素が2対1の割合で発生するのを実験した方は多いだろう。これは、電気エネルギーを用いてトータルとしては

$$H_2O \rightarrow H_2 + \frac{1}{2} O_2 \tag{1.5}$$

という水の分解反応を起こしている。すなわち、プラスの電圧をかけた陽極では酸素分子が発生し、マイナスの電圧をかけた陰極では水素分子が発生する（図1.6 (a)）。

　電圧をかけて水を分解すると電流が流れる。すなわち、電気エネルギーを使って、水の分解を無理矢理に起こしている。したがって、逆反応である水素と空気中の酸素を用いて水を作る過程では外からのエネルギーは不要で、むしろこの反応からエネルギーが放出される。もっとも、単に水素と酸素を混ぜて反応させれば、水生成時のエネルギーは熱として放出されるだけである。また、この燃焼反応はときとして爆発的に起きるのでたいへん危険である。そこで、図1.6 (b) のような2つの電極に水素と酸素を別々に流しこみ、反応させると電極の間には電圧が生じ、これを外部の電気回路に繋ぐと電流が流れる。すなわち、電池に

なる。この電極には水素分解の触媒としてプラチナの微粒子が用いられている。

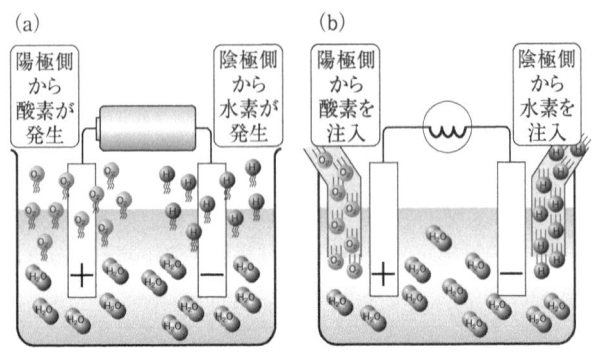

図1.6 水の電気分解(a)と燃料電池(b)

1.5 表面科学の幕開け

1.5.1 ラングミュアの着想

さて、アンモニア合成を含めて、私たちの生活上重要な反応が不均一触媒によって促進されていることはわかった。しかし、それぞれの反応には最適な金属がある。ハーバーやボッシュの偉大な仕事は、いわばその最適な金属を探し当てたということによっている。

それでは、ある金属は有効な触媒作用を示すのに他の金属はほとんど触媒として役に立たなかったり、反応によって有効な触媒となる金属が異なったりするのはどうしてだろうか。また、反応は触媒である金属粒子の表面で進行す

第1章 触媒と表面科学

図1.7 アーヴィン・ラングミュア（1881-1957年）

るが、金属表面とはどのような構造、すなわち、どのように金属原子が並んでいるのだろうか。表面で反応が起きる場合、反応物や生成物である分子は表面上でどのように存在しているのだろうか。反応とは反応物である分子間で化学結合の組み換えが起きるということだが、分子レベルのミクロな視点から見ると、実際にはどのようにしてこの組み換えが起きているのだろうか。

このような疑問はここまで紹介した触媒研究では窺い知ることができない。触媒反応のように、一見魔法のように反応を促進する現実がある以上、それがどうして起きるかを理解したいというのは科学者の自然な欲求である。また、この謎を解き明かすことにより、より効率のよい触媒を見

つけたり、合成したりすることができるはずである。

このような背景から立ち上がってきた科学の一分野が**表面科学**である。この分野を創出し、開拓した科学者の一人がアーヴィン・ラングミュアである（図1.7）。しかし、ラングミュアが科学者として確固たる足場を築いたのは触媒研究ではなく、いかに白熱電球の寿命を長くするかという、これまたたいへん実用的な研究だった。一見、触媒研究と彼の取り組んだ問題には脈絡がないように思えるだろう。しかし、彼の白熱電球の研究から固体表面を対象とした学問分野の基礎が築かれ、ひいては触媒の機構を解明することを目的の1つとした表面科学が確立していく。

■ラングミュアの生い立ち

ラングミュアは、1881年にニューヨークにて生まれた。1903年にコロンビア大学を卒業した後、ドイツのネルンストの研究室で博士課程の研究を行った。ラングミュアもハーバーと同様に窒素の固定化に関する研究にこの時代携わっている。すなわち、ネルンストが彼に与えたテーマは空気中の安定な窒素分子をより使い易い他の物質に変換することだった。ただし、ハーバーとは違い、窒素と酸素から窒素酸化物を生成させる方法をネルンストはとった。

$$N_2 + O_2 \rightarrow 2NO \qquad (1.6)$$

この反応でも、反応物である窒素分子と酸素分子が圧倒的に安定であるためにやはりNOを生成するのは難しい。そこで、ネルンストはラングミュアに高温に熱した金属を

利用することでこの反応を進めるという提案をした。

ラングミュアはこのテーマに取り組み、真面目に実験をしたのだが、どうしてもNOのできる割合がネルンストの理論的予測より大幅に下回った結果しか得られなかった。実は、この原因は、高温の金属表面でせっかくできたNOが表面から離れて気相中に放出され、気相中の分子と衝突し急速に温度が低下する過程でまた窒素と酸素に分離してもとに戻ってしまうからだった。ネルンストは自分の予想とは違う結果であるため失望し、この研究に興味を失ってしまう。

というわけで、ラングミュアのドイツでの研究ははかばかしくなく、ともかく学位を得たものの、アメリカに戻ったラングミュアには、小さな大学の助手のポジションしかなかった。そこでは研究が満足にできず、学生の教育に時間をとられ、彼は不本意な日々を送っていた。

鬱々とした日々を過ごしていたラングミュアに一大転機が訪れたのは1909年のことだった。兄の勧めもあって、彼はゼネラル・エレクトリック社で非常勤の研究員として仕事をする機会を得た。

■白熱電球の研究

ゼネラル・エレクトリック社の研究所で彼に与えられた研究テーマは、白熱電球の寿命を延ばすことだった。現在、白熱電球は電気消費量がたいへん大きいのでLEDの電球に置き換えられているが、その頃の照明器具としてはろうそくやランプから白熱電球への切り換えが進んでい

た。

　当時の白熱電球は、1879年にエジソンによって発明されたものとそれ程違いはなかった。フィラメントには炭素が使われており、白熱電球は使っているとすぐに黒くなってしまう。この原因は次のようなことである。フィラメントに流れる電流によってフィラメントは高温に熱せられる。もっとも高温になるから光が出るわけで、電球としての機能を果たすためにはこれは避けられない。このような高温の炭素フィラメントからは、炭素原子が真空中に飛び出してくる。すなわち、炭素の昇華が起きる。そして、炭素原子が真空中を飛来して電球のガラスの内面に到達すると、ガラスの温度はフィラメントに比べてはるかに低いので、炭素原子はそこにくっついてしまう。その結果、電球を使用するほど、電球は黒くなる。これを避けるためには炭素に代わるフィラメント、すなわち高温でも昇華しにくいフィラメントが必要である。そこで、注目されていたのがタングステンである。

　ラングミュアが始めた研究は、タングステンの表面にどのように気体分子がくっついたり（吸着）、はなれたり（脱離）するかという問題の解明だった。ゼネラル・エレクトリック社の最終目的は、白熱電球の長寿命化であり、研究所では当然これに関する研究が必要である。したがって、ラングミュアの研究テーマは遠まわりで、白熱電球の長寿命化という最終目的とは無関係であるように一見思える。しかし、このようなやり方がラングミュアが一生つらぬいた研究哲学の現れだった。ラングミュアは生涯さまざ

まな分野の研究を行い優れた業績を残すが、常に一見迂遠に思えても、最終目的の根幹を成す基礎的現象から問題に迫っていく方法をとった。この問題では、彼はまず物質表面に気体中の分子や原子が吸着する現象の解明を目指したのである。

1.5.2 ラングミュアの吸着等温線

ラングミュアは、ゼネラル・エレクトリック社での最初の研究、すなわち白熱電球のフィラメントの長寿命化の研究を進める中で、その後、教科書にもよく載る「ラングミュアの吸着等温線」という考え方を見出した。吸着・脱離の過程における分子の動きは第4章で詳しく述べるが、ここでは近代的な表面科学分野が確立する以前に、まずラングミュアが行った吸着と脱離に関する重要な研究について触れておこう。

分子Aが固体表面に吸着するということを、

$$A(g) + * \rightarrow A(a) \tag{1.7}$$

と書こう。ここで、$A(g)$ は気相中にいる分子、$*$ は分子が吸着し得る場所（吸着サイト）、$A(a)$ は表面に吸着された分子を表す。当然、吸着分子が表面から脱離することもある。第2章で述べる熱力学の概念でいうと、ある温度 T、ある圧力 P のもとで吸着と脱離の速度が釣りあったときに吸着・脱離平衡が成立する。この平衡時にどれくらいの分子が表面上に吸着しているのかを表す式を**吸着等温線**という。等温という意味は、吸着・脱離をある一定の温度

のもとで書き表すということである。

ラングミュアが考えだした吸着等温線の式は

$$\theta = \frac{KP}{1+KP} \quad (1.8)$$

である。ここで、θ は被覆率といい、表面上の吸着サイトの総数に対して吸着している分子の総数の割合を表す。気体や溶液のように均一な物質の中では単位体積あたりの粒子の数として濃度を使うが、表面・界面は二次元の世界なので単位面積あたりの粒子の数を問題にしなければならない。これが被覆率である。また、P は気体の圧力、K は吸着・脱離の平衡定数である。

この式が成り立つためには、以下のいくつかの仮定がある（図1.8参照）。

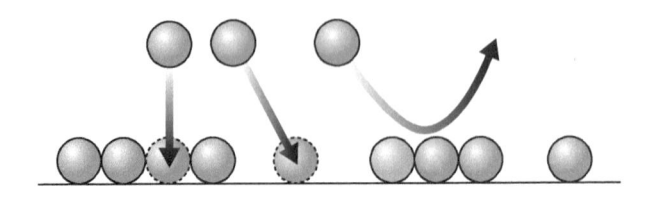

図1.8 ラングミュアの考えた吸着の機構

(1)表面には吸着サイトが存在し、1つのサイトには1つの分子が吸着する。
(2)気相から飛来した分子が空の吸着サイトに来た場合

はその分子はそこに吸着することができるが、サイトがすでに他の分子によって占められている場合は吸着することはできない。
(3) 吸着サイトの吸着のしやすさは、どの吸着サイトでも一定で吸着種の被覆率にはよらない。すなわち、分子の吸着のしやすさは隣の吸着サイトに分子が吸着しているかどうかにはよらない。

仮定の(1)は、表面のどこにでも分子は吸着するのではなく、ある特定のサイトがあるということを意味している。仮定の(2)は、表面に吸着してできる分子の層は表面原子層のすぐ上の第一層のみで、その上には分子は吸着できないということである。これはちょっと特殊で、水のように水分子同士が大きな引力で互いにくっつく性質のある分子では、第一層のみならず第二層、第三層とどんどん上に吸着層ができていくが、ここではそれを考えないということである。仮定の(3)は、吸着した分子同士に反発力がないということを意味する。

このモデルは、始発の電車に次々と乗客が座席に座る様子とよく似ている。乗客は家族とか友人でない限り、互いに隣り合った席には座らず、すでに他人によって占められている席からできるだけ遠い席に座ろうとする。車内が混み合ってくると仕方なく、他人が座っていてもその隣に座るようになり、最終的にはすべての席が埋まってしまう。つまり、見ず知らずの他人との間には目に見えない反発力がある。この点は仮定の(3)には反する。しかし、すで

に座っている人の上に座るということはありえないので仮定の(2)は満たされている。

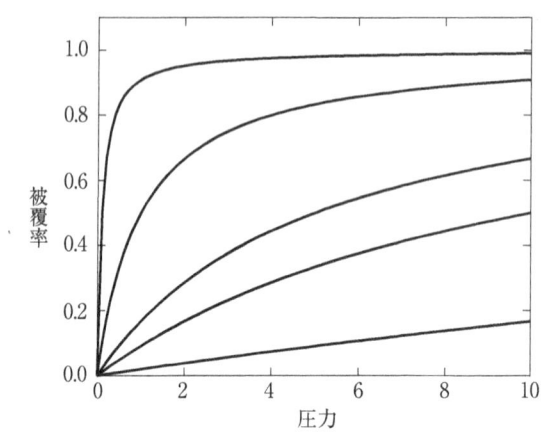

図1.9 ラングミュアの等温吸着線
下から上の曲線にいくほどKが大きい

　ラングミュアの吸着等温線における被覆率と圧力との間の関係を図1.9に示す。平衡定数が大きい、すなわち、脱離する速度より吸着する速度が大きい程、小さな圧力で急激に被覆率が増え、その後圧力を増やしても、$\theta = 1$、すなわち、すべてのサイトが分子で埋まってしまうのでこれ以上吸着することはできない。この状態を吸着が飽和したという。平衡定数が小さいと吸着が飽和するまでにはより大きな圧力が必要となる。

1.5.3 吸着等温線が生まれた背景

さて、ラングミュアはどのようにしてこの等温式を見出したのだろうか。そこにはドラマがあり、そのドラマは科学研究がどのように進むかを示すたいへん教訓的なことが含まれているので、この点について少し考えてみたい。

ゼネラル・エレクトリック社で彼が始めた研究は、白熱電球（図1.10）の長寿命化であったことは以前に述べた。

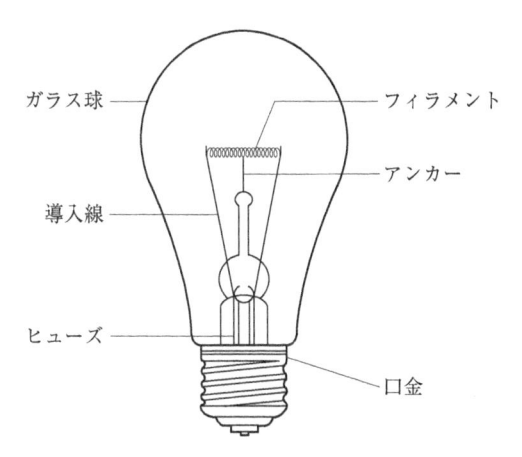

図1.10 白熱電球の構造

すなわち、エジソン以来使われてきた炭素のフィラメントは、使っている間に電球が真っ黒になり、すぐに使い物にならなくなる。そこで、ゼネラル・エレクトリック社の研究者が目をつけたのが、炭素フィラメントの代わりにタングステンを用いることだった。この金属は3380℃と最も高い融点を持つ金属であり、また、比較的高い電気抵抗を持

つのでフィラメントとして最適と考えられた。すなわち、フィラメントに電流を流してフィラメントが高温になっても容易にタングステン原子が真空中に脱離しないので、炭素フィラメントのように電球のガラスの内面に堆積することは起こりにくいと考えられた。

　まず、ラングミュアが注目したのはタングステンフィラメントの電球を灯（とも）した際、つまりフィラメントに電流を流した際に電球の中にどのような気体が含まれるかにあった。この問題はフィラメントの長寿命化というミッションに対してずいぶん迂遠で、たいへんな回り道であると周囲の人は思っただろうし、本人もその自覚はあったようだ。

　当時のゼネラル・エレクトリック社にはたいへんよい真空装置があり、それを使うと電球の中の気体を排気して高い真空状態にすることができた。ところが、タングステンフィラメントに電流を流すと、電球の中に大量の水素が発生してくることに彼は気がついた。それも半端な量ではない。この水素が全部タングステンフィラメントから出てきたとすると、とんでもない量の水素がフィラメント内部に含まれていなければならないが、これはどう考えてもありそうもないことだった。

　この水素源をつきとめるために、彼は逆に水素分子を電球内に封入し、フィラメントに電流を流し、温度を上げながら熱の発生量を測定した。すると、発生する熱量がある温度で下がることに彼は気がつく。これは、水素分子が熱せられたタングステン表面で分解して水素原子になり、それがどこかに吸着するためである。つまり、水素分子を分

解するにはエネルギーがいるので、その分全体の熱の発生量が減少する。それでは、分解された水素原子はどこに吸着するのだろうか。タングステンフィラメントは非常に高温になっているので、ここに吸着するとは考えにくい。だとすると、分解した水素は電球のガラス表面に吸着するに違いない、と彼は考えた。

ところが、彼はまた奇妙なことに気がつく。熱量がいったん下がった状態でさらに水素分子を多く封入していくと、今度は発熱量が再び増加に転ずる。これは、それまで吸着により熱の発生を抑えていた過程がなくなることを意味する。すなわち、水素はタングステン表面で分解するがガラス表面に吸着するのではなく、また結合して水素分子に戻ると考えざるを得ない。ということは、ガラス表面に吸着する水素の量には限りがあるはずである。そこで、彼は水素原子はガラス表面の吸着サイトをすべて埋め尽くすとそれ以上は吸着できない、すなわち、水素原子はガラス表面に一層しか吸着しない、という結論に至った。これが、先に述べたラングミュアの吸着等温線の理論のオリジンである。先に述べた吸着等温線のモデルを使うとこの現象がうまく説明できる。

そこで、この研究から彼は電球を真空に排気してもガラス表面には水素原子があらかじめ吸着しており、フィラメントを熱するとなぜかこれが気相中に出てくると考えた。つまり、フィラメントに電流を流したときに電球の中に発生した多量の水素分子の源はあらかじめガラス表面に吸着していた水素原子だと考えたのである。

ラングミュアがタングステンフィラメントを使った電球の研究の中からどのようにして吸着等温線の考えに至ったかを述べたが、これだけでは彼に与えられたミッション、すなわちどのようにすれば長寿命の電球が作れるかについてはまだまだ道は遠い。彼もこのことに悩んで、「私は十分楽しい研究をやらせてもらったが、こんな基礎研究で時間と資金を使うのはゼネラル・エレクトリック社にとって役にたたないのでやめたい」と上司であるホイットニーに告げている。しかし、ホイットニーは「そんな心配は私がすればよく、君が心配する必要はない」と逆にラングミュアを励ました。民間企業の研究所でこれだけのことを言えるのには感心してしまう。日本の企業の研究所でこのような懐の深いところがどれほどあるだろうか。

　それでは彼がどのようにして与えられたミッションを達成したかについてもう少し述べよう。当時のゼネラル・エレクトリック社の研究者たちは、フィラメントが長持ちしないのは電球中にまだ気体分子が残っていて、これがフィラメントを劣化させる原因だと思っていた。これは理由のないことではない。エジソンが発明した電球中の炭素フィラメントは酸素が存在すると燃え尽きることからも、このように研究者が考えたのは容易に想像できる。したがって、この方向で考えると、電球中からできるだけ酸素を取り除く必要があり、研究者たちは懸命に電球を排気しその中の真空度を良くすることに努力をしていた。

　ところが、ラングミュアの非凡なところは、逆に電球中にガスを封入する方向に研究を進めたことである。これは

前述した水素の吸着・脱離の実験からの発想と思われる。彼は水素の代わりに窒素を電球の中に封入する。彼はネルンストの所で熱した金属の表面で窒素がどうなるかについてさんざん研究していたので、高温のタングステンフィラメントに窒素が接触しても水素のように分解しないという確信があったのだろう。

窒素を封入すると水素の場合と違い電流の強度を上げていっても熱量の発生が低下するようなことは起きず、ずっと電球の温度は上昇していくことがわかった。予想通り、窒素分子は水素分子と異なり、フィラメントを熱しても分解することがない。やはり窒素分子は水素分子と異なり三重結合を持つたいへん安定な分子であるので、いくらフィラメントの温度が高くなってもその表面で分解しにくいのである。

ここで、彼は重要な発見をする。窒素分子を封入したほうが、電球中を排気するより電球が黒くなるまでの時間が飛躍的に長くなったのである。そこで、前述した水素原子のガラス表面での吸着のことをあわせて考えると、次のような仮説が得られる（図1.11）。いくら融点が高いタングステンといえども、電流を流すことにより温度が何千度にも上がると、その表面からタングステン原子が気相中に飛び出すだろう。電球中の真空度が良ければ、タングステン原子は真空中に残留している気体分子と衝突する確率が小さいので、ほとんどが気体分子と衝突することなく電球のガラスにぶちあたる。非常に高い温度のタングステン表面から出てきた原子だから、これは相当な運動エネルギーを

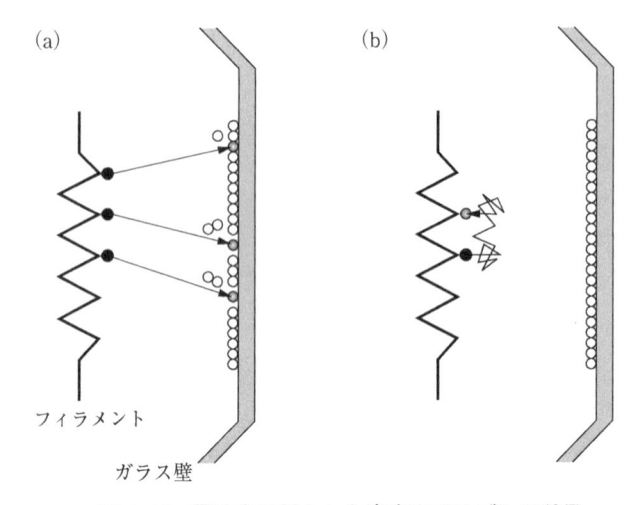

図 1.11 電球内に封入した窒素やアルゴンの効果
(a) 真空に排気した電球　(b) 窒素やアルゴンを封入した電球

持ってガラス表面に衝突する。したがって、ガラス表面に吸着していた水素原子は熱いタングステン原子の衝突によりたたき出されて、気相中に飛び出し、これが気相中で結合して水素分子になる。これが、フィラメントを点灯すると電球中に多量の水素分子が発生していた原因である。

だとすると、真空ではなく窒素分子が封入されているとどうなるだろうか。電球中には多くの窒素分子がすでに含まれているので、フィラメント表面から飛び出したタングステン原子は表面近傍でまず窒素分子と多数回衝突し、その結果運動エネルギーを失うため再びフィラメント表面に再吸着する。したがって、タングステン原子がガラス表面

にたどり着く確率はたいへん小さくなるので、ガラス表面にタングステン原子が吸着することによる電球の黒化が起きにくくなるのである。

その後、窒素分子よりも希ガスであるアルゴンの方がよい性能をもたらすことがわかり、ラングミュアは見事に電球の寿命を延ばすというミッションを完成させる。これが現在使われている電球にも基本的には継承されており（もっとも、現在では電球の消費電力が高いため、LEDを用いた電球に取って代わられているが）、ゼネラル・エレクトリック社は巨万の利益を上げることになる。

物質の諸性質を考える際、物質が気体、固体、液体などの均一相にある状態を扱うのが普通であった頃に、このラングミュアの研究は、物質の表面というものに注目し、また、表面がこれらのどの相にもない重要な役割を果たすことを示した研究である。この研究から後の表面科学における気体の吸着・脱離についての基本的な考えが提唱され、その後の発展に大きな寄与をすることは第3章以降で詳しく述べる。

ラングミュアはその後、プラズマの研究、原子価理論、白金の触媒作用の研究、そして、1935年に、助手のキャサリン・ブロジェット（Katharine Burr Blodgett）との共同研究で水面にオイルの1分子層をその状態を保ったまま他の個体基板に移し取ることのできる技術を開発している。このように表面・界面科学という2次元に広がった物質の物理と化学という新しい分野の草分けとしての研究功績により、ラングミュアは1932年にノーベル化学賞を受賞した。

ここに述べたラングミュアの白熱電球の研究に、科学研究の理想的なあり方の1つを私たちは見ることができる。ラングミュアはこの研究を通して、固体表面への原子・分子の吸着・脱離ということから表面科学の道を開拓したわけだが、その発端はきわめて現実的な問題だった。すなわち、電球を長持ちさせること。この問題に対して彼が選んだ方法は、固体表面での原子・分子の吸着・脱離現象という基礎的な過程に着目して、徹底的にこれを解明しようとしたことである。そして、最後にすぐに応用に結び付かなさそうなこのような基礎研究を本人さえもが躊躇する中、あえてそれを進めさせた上司、およびゼネラル・エレクトリック社の度量の広さも重要な要因である。

　今日の日本の科学研究においては、基礎研究を大事にするとしながらもイノベーションという名のもとに、民間会社のみならず大学や公立の研究所においても、いわゆる出口、すなわち応用に直結した研究に大量の予算が配分されている現状がある。真のイノベーションはラングミュアが行ったような真の基礎研究から生まれるということを、私たちはもう一度肝に銘じるべきであろう。

第 2 章 触媒とは

2.1 化学反応はどの方向に進むか

　第1章において、触媒には化学平衡に到達する時間を短縮する機能があることを、ハーバー‐ボッシュ法に関連して簡単に触れた。本章では、触媒とは何か、触媒作用とは何かということの理解を深めるために基礎に立ち戻ってみよう。

　まず、化学反応が自然に起きるということはどういうことなのか、また、その速さは何で決まっているのか、ということから始めよう。

　私たちは、ある化学反応が自然に起きるかどうかを経験的に知っている。ここで、「自然に」というのは「ほうっておいても」という意味である。本書では「自発的に」という言葉を同じ意味で使う。例えば、鉄や銅でできた製品を大気中に放置すると表面がだんだん錆びてくるし、食品も放置すると腐ってしまう。これはすべて大気中で化学反応が自然に起きている証である。

　それでは、水素と酸素を混ぜあわせた場合、水は自然にできるだろうか。この反応を化学式で書くと

$$H_2 + \frac{1}{2}O_2 \rightarrow H_2O \qquad (2.1)$$

である。これも、私たちは経験から判断できる。なぜなら、この逆の反応

$$H_2O \rightarrow H_2 + \frac{1}{2}O_2 \tag{2.2}$$

を考えればよい。水を室温で放置していたら蒸発してしまうが、これから水素と酸素ができたという話は聞いたことはないだろう。だとすれば、逆に水素と酸素を混合すると多分水ができるのだろうと予想はできる。この反応が大規模に進行して招いた不幸な事故は、東日本大震災で津波に襲われた福島の原子力発電所で起きた大規模な水素爆発である。この爆発により建屋が吹き飛ぶという惨事があったのを記憶されている人は多いと思う。あれは、まさに大量に発生した水素が一挙に酸素と反応した結果に相違ない。

そこで、もっと一般に物質Aと物質Bを混ぜると物質Cになるという化学反応

$$A + B \rightarrow C \tag{2.3}$$

が自然に進むかどうかを、経験的にではなく理論的に予言できるだろうか。この問題は古くから化学者を悩ませていたが、先人のおかげで私たちはそれが可能であることを知っている。これについてまず考えてみよう。

■発熱反応と吸熱反応

物質AとBを混ぜてCができるとき熱が出て温度が上がるのは、反応の結果Cが生成されるのに伴ってエネルギーが放出されるためである。このような場合を**発熱反応**という。逆に、まわりから熱を吸収して物質Cを生成す

るような場合は**吸熱反応**という。吸熱反応は熱をあたえるというアクション、例えば物質の入っている容器を加熱して温度を上げるということをしないと反応が進行しないのに対して、発熱反応はそのような必要がない。したがって、発熱反応が自然に進行するということが直感的に理解できるだろう。そこで、反応が自然に、すなわち自発的に起きるかどうかを直感的ではなく、理論的、かつ体系的に整理した学問体系が**熱力学**である。特に、化学に関わることを対象とした場合、**化学熱力学**という場合もある。

熱力学では、物質が本来持っているエネルギーを求め、これをもとに物質が変化をする際にそのエネルギーが変化の前後でどのように変わるかを推定する。もし、その変化の結果、全体のエネルギーが低くなるのであればそれは自発的に進行するが、より高くなるのであれば進行しない。ここで、変化とは化学反応のみではなく、もっと広い意味でとらえることができる。例えば、水が氷から液体の水、液体の水から水蒸気として気体になるような変化、すなわち、分子としての水は変化しないのだが、その集合体として異なる相に移り変わる物理的な変化も含む。氷が液体の水になるにはエネルギーが必要で、これを融解エネルギーといい、液体の水が水蒸気になる際には気体になるためのエネルギー、蒸発エネルギーが必要である。

■ **エンタルピー**

物質の変化に伴う熱の出入りということを考えたが、この関係を熱力学的により正確に表すには物質の**エンタルピー**

第2章　触媒とは

(H) という量の変化を考えねばならない。融解や蒸発のような物理的過程、および反応などの化学的過程が起きることに伴う発熱、吸熱ということと物質のエンタルピー変化を整理したのが図2.1である。すなわち、物質が変化し

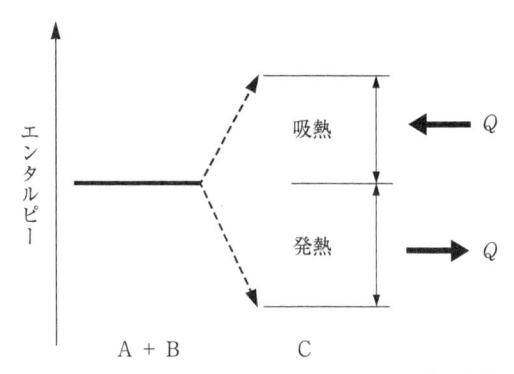

図 2.1　反応 A+B→C におけるエンタルピー変化
Q は熱量

て発熱する場合はエンタルピーが下がり、物質が熱エネルギーをもらうとエンタルピーが上がる。

このようにエンタルピーの変化で物質の変化の方向をおおむね理解できるし、これは先程も述べたように経験的にも違和感はない。私たちが日常的に持っているエネルギーという感覚は、エンタルピーと置き換えてもそれほど問題があるわけではない。

しかし、このような変化が自発的に起きるかどうかを正確に予言するには、エンタルピーの他にもう1つの要因を考えねばならない。

■エントロピー

次のようなことを考えてみよう。図2.2に示すように2

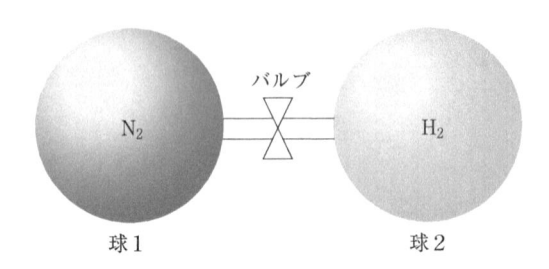

図2.2 2種類のガスの混合
それぞれの球には最初、同圧力の窒素と水素ガスが別々に封入されている

つの球の容器が繋がれていて、その繋ぎ目にはバルブがついている。片方の球に窒素ガスを満たし、もう片方に水素ガスを同じ圧力で満たす。そして、静かにバルブを開くと何が起きるだろうか。もちろん、常温ではアンモニアなどできないが、窒素と水素ガスは自然と2つの球の中で互いに混ざりあう。それでは逆にこの混合気体を放置しておいたら、またそれぞれのガスは分離して元の球に戻るだろうか。決してそのようなことは起きない。この2種類のガスが混合する過程では熱の出入りはないので、エンタルピー変化はない。しかし、どうしてガスは自発的に混合してしまうのだろうか。これには、エンタルピー変化以外の要因があるに違いない。

それでは、違う例を考えてみよう。分子AとBが反応して分子Cになる場合、複数個の分子、例えばそれぞれ3個のAとBの分子から3個の分子Cができるとしよう。いま生成した3個の分子Cがある箱の中に必ずおさまるものとしよう。また、1つの箱の中に入る分子の数に制限はないとする。この箱が何を意味するかについては後で述べる。

そこで、図2.3に示したように複数の分子Cを複数の箱

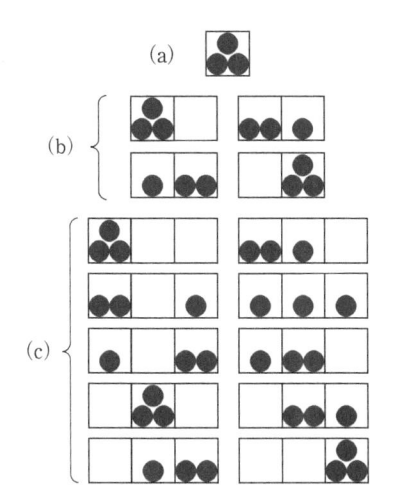

図2.3 箱への3個の粒子の詰め方の数
箱の数：(a) 1　(b) 2　(c) 3

の中に詰める仕方の数を数えてみよう。もし、箱の数が1つしかなかった場合は、3個の分子がすべてこの箱の中に入ってしまうしかない。すなわち、その詰め方は1通りし

かない。箱の数が2つに増えるとどうだろうか。

 3個の分子のうち、1つが左、残りの2つが右の箱に入った場合を(1,2)と表すと、3個の分子の2つの箱への格納の仕方は、(3,0)、(2,1)、(1,2)、(0,3)と4通りがある。さらに、箱の数が3個になると、これに分子が分配される仕方は、(3,0,0)、(2,1,0)、(2,0,1)、(1,1,1)、(1,0,2)、(1,2,0)、(0,3,0)、(0,2,1)、(0,1,2)、(0,0,3)の10通りに増える。

 このように、箱の数が増えるほど分子が収まる仕方（場合）の数が増加する。最初の例のように箱がただ1つの場合はその数も1つで、分子はきちんと秩序よくその箱の中に収まる。しかし、箱の数が増えれば増えるほど分子を収める仕方の数は急速に増える。ということは、その詰め方はより乱雑になることを意味する。すなわち、場合の数が増えるほど秩序性がなくなるし、また、秩序性が悪いほど取り得る場合の数が多い。したがって、同じ数の分子が生成するとしても、箱の数が多いほど場合の数が増えるので、分子の行き先の数が増える。すなわち、反応の結果生じる分子Cができる場合の数が増えるので、反応はより起こりやすくなる。つまり、その行き先となる場合の数が反応の起こりやすさに影響してくる。これが、エンタルピーだけではない、反応の進行を支配するもう1つの要因である。

 それでは、この箱の数が温度とともに増えるとしよう。この場合、1つ1つの箱にはエネルギーの異なる分子が入るので、分子の詰め方は複雑になるが、基本的には箱の数

第2章 触媒とは

が増える程、その詰め方の数は増えるということにかわりはない。したがって、反応はより起きやすくなる。

さて、ここでいう箱とはいったい何だろう。生成した分子Cが気相中にいる場合を考えると、分子Cの中にはとても速いスピードで飛び回っている分子もいれば、たいへん遅いスピードで飛んでいる分子もいる。このスピード、すなわち運動エネルギーの違いがそれぞれの箱に相当する。例えば、スピードを100 m/s の間隔で区切った箱をたくさん用意しておいて、ある分子のスピードが5.04 km/s だったら5.0〜5.1 km/s の箱に球を1つ入れ、次の分子のスピードが5.15 km/s だったら隣の5.1〜5.2 km/s の箱に球を入れる……という操作を繰り返し、それぞれの箱にたまった球を数えあげる。すると、図2.4に示したようなヒストグ

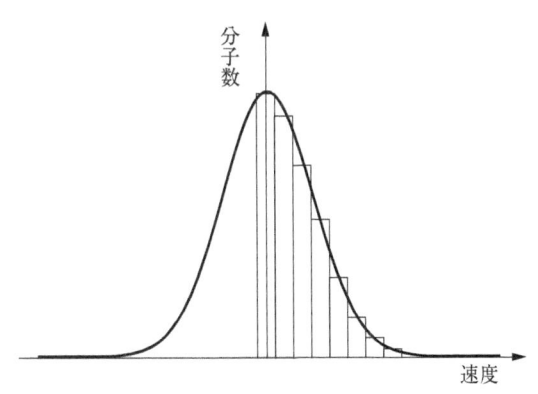

図 2.4 生成分子Cの速度分布

ある速度の間隔（箱）で仕分けした場合のヒストグラム。実線はその速度間隔を無限小にした場合の速度分布

ラムを得る。これは、生成分子Cの集団の速度の分布ということになる。つまり、ここで述べた箱というのは分子が持つ速度、あるいはその運動エネルギーに相当する。

この分布は生成分子の温度によって変化する。実際には分子Cはいろいろな速度の分布を取り得て、その分布は温度Tで決定される。もちろん、温度が高い程、速度分布は広いし、低いとその分布は狭くなる。

このように反応で分子Cが生成されるといっても、いろいろな状態（この例では速度）にある分子Cが生成される。したがって、取り得る状態（速度）の数が多い程行き先の数が多いので、反応進行には有利であることになる。

このように行き先の数、すなわち、生成分子が取り得る状態の数も反応の進行に影響を与える。この状態の数というのはエネルギーとはまったく違う概念である。物質のエネルギーとは別に、ある温度のもとで物質が取り得る状態の数が問題となる。この状態の数は**乱雑さ**と呼ばれる場合もある。

再び箱とその中に収める球の問題にたとえると、箱（状態）の数が少なければ球の入れ方はそれ程多くはないので、その整理は簡単、すなわち全体として秩序だっているが、箱の数が多くなる程、球の入れ方は急速に増えてしまい、全体として乱雑さが増してしまう。このような乱雑さを**エントロピー**といい、Sで表す。すなわち、反応はエントロピーが増加する方向に進む。また、温度が増加すると状態の数も増えるので、結局乱雑さの効果は温度TとSの積、

TS という量で表すことができる。このエントロピーの効果は化学反応のみならず、自然界のあらゆる変化にもあてはまり、これを**熱力学の第二法則**と呼んでいる。これは、ちらかった部屋を整理するのには労力を要するが、いったんきれいに整理された部屋も、使っているうちに自分では何もしていないようなのにだんだん乱雑になってくる。すなわち、乱雑さが増してくるという日常経験にもよく合致している。

■自由エネルギーで考えよう

このように、自然界での物質の変化には、エンタルピーとエントロピーが関与することがわかる。すなわち、自然界ではエンタルピーの減少とともに、エントロピーの増加という方向に物質は自発的に変化する。そこで、この2つの要因を合わせて、

$$G = H - TS \tag{2.4}$$

を**ギブズ自由エネルギー**と定義する。そして、物質の変化後の自由エネルギー $G_f = H_f - TS_f$ から変化前の自由エネルギー $G_i = H_i - TS_i$ を引いた差

$$\Delta G = G_f - G_i = \Delta H - T\Delta S \tag{2.5}$$

を**自由エネルギー変化**という。ここで、$\Delta H = H_f - H_i$、$\Delta S = S_f - S_i$ である。この量を使うと、物質が温度 T のもとで $\Delta G < 0$、すなわち、自由エネルギーが減少する物質変化は自然に起きるが、$\Delta G > 0$ の場合は自然には起き

ず、何らかの外部からのアクションが必要であるといえる。このように自由エネルギーという量を導入することにより、最初の疑問であったどちらの方向に化学反応が自発的に進むのかという答えを得た。

■平衡と自由エネルギー変化

それでは、AとBからCができるという反応(正反応)の自由エネルギー変化が負、すなわち、この反応が自然に起きるとして、ある容器の中にAとBを混合し、十分時間を待てば、AとBのすべてがCになるだろうか。その答えは否である。なぜなら、正反応(A+B→C)が進行するにつれて全体の自由エネルギーは減少しつづけ、ある時点で0となる。この時点で反応は止まる。これは見掛けだけで、実際には反応はずっと起きている。つまり正反応と逆の反応(C→A+B)が起きていて、この2つの反応が釣り合い、全体としては物質A、B、Cの量が変化しなくなることを意味している。このような状態を**化学平衡**という。

熱力学では反応における自由エネルギーの差と平衡定数(K)の間には

$$-\Delta G = RT \ln K \qquad (2.6)$$

という簡単な関係式があることを証明することができる。ここで、ΔGは**反応ギブズエネルギー**といい、今まで単に自由エネルギーの変化と呼んでいたものである。また、Rは理想気体の状態方程式に出てくる馴染みのあるガス定数

で、温度に依存しないし、また反応の種類にもよらない物理定数である。式（2.6）が成り立つことの証明はここではやらないが、反応の前後の ΔG がわかるとこの式から平衡定数が求まるので、熱力学は平衡という最終地点での物質の濃度（平衡濃度）を予測してくれるということがわかるだろう。

2.2 化学反応の速度

■熱力学にも限界がある

このように、熱力学は自由エネルギー変化というものが化学反応の方向を定め、また反応が行き着く先の平衡状態での各物質の濃度を教えてくれるたいへん有用な学問である。しかし、これは万能ではなく限界がある。つまり、熱力学はどれくらいその反応が速く起きるのかについては何も教えてくれない。

すなわち、注目する反応の自由エネルギー変化を知ればその反応が自然に進むということがわかっても、どれくらい時間を待てば、平衡に達するのかについては何も答えてくれない。物質 A と B を混ぜた瞬間に平衡に到達するかもしれないし、あるいは平衡に達するには天文学的に長い時間がかかるかもしれない。つまり、反応の進行をある地点 I からある地点 F まで旅行することに例えると（図2.5）、熱力学という旅行ガイドには出発地点 I と最終到着地点 F のことは詳しく書かれているのだが、どのような道を辿ればいいのか、またどのルートが最も速く、容易に

(a)

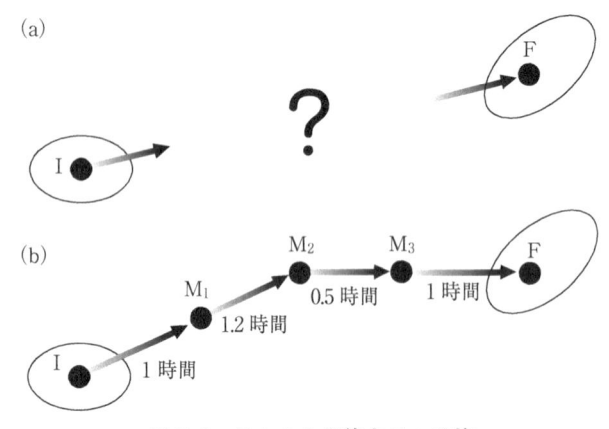

(b)

図 2.5 始点 I から終点 F への旅
(a) 熱力学的なガイドブック。道筋、旅程は記されていない
(b) 速度論的なガイドブック。途中の地点であるM_1、M_2、M_3を含めた道筋、旅程も記されている

行けるのかという肝心なことは書かれていない。

■反応の進行の様子は速度論で考える

　この熱力学という旅行ガイドには書かれていない、途中のルートやそのルートを行く場合の速さが書かれているのが速度論という旅行ガイドである。すなわち、反応が進む速度を扱う学問が**化学反応速度論**である。英語では**ケミカル・キネティクス**（chemical kinetics）という。

　式（2.3）の反応の場合、物質 A と B を混ぜた時刻を $t=0$ とし、その後の物質 C の濃度［C］を計測した結果を図2.6に示した。

　ある時刻でのこの曲線に接する直線の勾配がその時点で

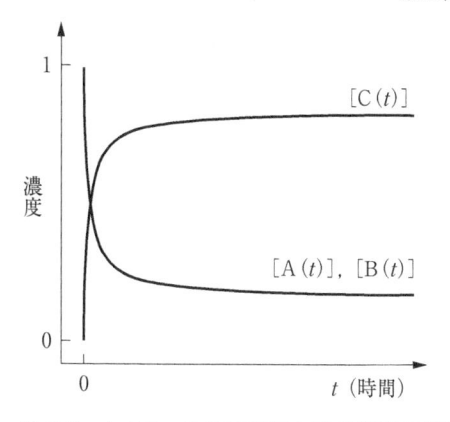

図2.6 A＋B→Cの反応における濃度の推移
反応開始時 ($t=0$) では $[A(0)]=[B(0)]=1$、$[C(0)]=0$ である

の反応が進行する速度、すなわち反応速度に比例する。微小な時間Δtの間に増加するCの濃度、$\Delta[C]$を考えるとこの勾配というのは$\Delta[C]/\Delta t$である。ここで、Δtの時間幅を無限に小さくした極限を考えると、この勾配は数学的には$d[C]/dt$と[C]の時間微分で表される。AとBの濃度が高い程、Cが生成する正反応の速度は増すので$d[C]/dt$は[A]と[B]に比例するはずである。すなわち

$$\frac{d[C]}{dt} = k_1[A][B] \tag{2.7}$$

と書ける。ここで、k_1は比例定数であり、**反応速度定数**と呼ばれるものである。同様にして、逆反応であるC→A＋Bを考えるとCの単位時間あたりに減少する量は、C自身の濃度に比例するはずなので、

$$-\frac{d[\mathrm{C}]}{dt} = k_{-1}[\mathrm{C}] \tag{2.8}$$

となる。ここで k_{-1} は逆反応の反応速度定数で、逆反応に関する定数という意味で -1 という添字が付けられている。したがって、任意の時刻での反応曲線の勾配は

$$\frac{d[\mathrm{C}]}{dt} = k_1[\mathrm{A}][\mathrm{B}] - k_{-1}[\mathrm{C}] \tag{2.9}$$

である。したがって、平衡に達した場合は $d[\mathrm{C}]/dt = 0$、すなわち、

$$k_1[\mathrm{A}][\mathrm{B}] - k_{-1}[\mathrm{C}] = 0 \tag{2.10}$$

となり、

$$\frac{[\mathrm{C}]}{[\mathrm{A}][\mathrm{B}]} = \frac{k_1}{k_{-1}} = K \tag{2.11}$$

となる。

■アレニウスの式

それでは、温度を変えると反応速度定数はどのように変化するだろうか。温度が上昇すると分子の運動が活発になるため1秒間あたりに分子同士が出会う、すなわち、衝突する回数は増えるので反応速度定数は増加すると予想できる。しかし、それは温度が2倍になれば反応速度定数も2倍になるというように、温度に比例して増加するという単

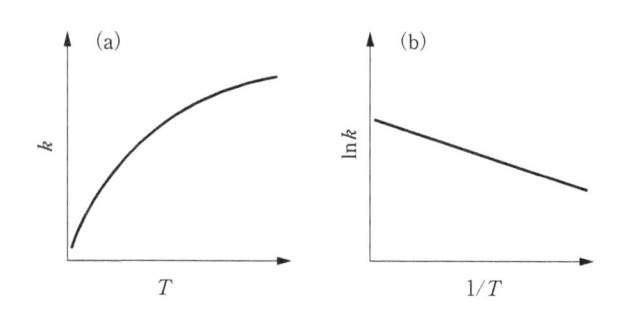

図 2.7 反応速度定数の温度依存性
(a) 反応速度定数 (k) を温度 (T) に対してとったプロット (b) 反応速度定数の自然対数を温度の逆数に対してとったプロット

純なものなのだろうか。

スヴァンテ・アレニウス (Svante August Arrhenius) は多くの反応について反応速度定数が図2.7(a)のように温度によって変化することを観測した。反応速度定数は温度上昇にしたがって増加するが比例するわけではない。この様子を式で表すと

$$k = k_0 e^{-\Delta E_a / RT} \tag{2.12}$$

となり、これをアレニウスの式と呼ぶ。ここで、k_0 と ΔE_a は反応によって異なる定数だが、これらも厳密には温度に応じて変化する。

この式の両辺の自然対数をとると

$$\ln k = \ln k_0 - \frac{\Delta E_a}{RT} \tag{2.13}$$

となる。そこで、反応速度定数kの自然対数を温度の逆数$1/T$で図2.7(a)を再プロットしてみると図2.7(b)のように直線がえられる。このようなデータの整理の仕方をアレニウスプロットといい、この直線の傾きからΔE_a、切片からk_0を求めることができる。

アレニウスの式が意味するところは何だろうか。反応の種類により異なるk_0とΔE_aには、それぞれ以下のような重要な意味がある。これを理解するためには、反応が起きるということを分子のレベルで考える必要がある。

気相中にある分子AとBから分子Cができるためには、まず分子AとBが出会う、すなわち衝突することが必要である。そこで、1秒間あたりにAとBが衝突する回数に関係するのがk_0である。ただし、分子AとBが衝突したら必ず分子Cを生成するということにはならない。ある条件を満たした場合にCが生成される。

ある一定の温度をもつ気体中では図2.4に示したように分子はある速度分布を持っており、さまざまな速度で飛び回っている。したがって、分子同士が衝突するといっても、大きな速度をもつ分子同士が衝突する場合もあるし、そうでない場合もある。すなわち、もともと衝突前にそれぞれの分子が持っていた運動エネルギーや、衝突するときのおたがいの角度などによって衝突のエネルギーが異なる。衝突のエネルギーが大きい程、反応しやすいということは容易に想像できるだろう。そこで、衝突エネルギーがどれほど高くないといけないかということを表すのがΔE_aであり、これは**活性化エネルギー**と呼ばれる。

第2章 触媒とは

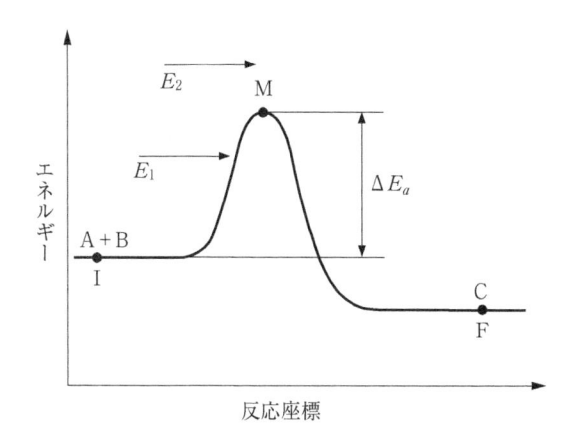

図2.8 反応座標に沿った反応系のエネルギー

　この様子を模式的に表したのが図2.8である。縦軸には反応にかかわる分子のエネルギー、横軸には反応の道筋を表す反応座標と呼ばれる量を示している。これは、山登りに見たてることもできる。すなわち、地点Ⅰは反応前の分子AとBであり、山の頂上である地点Mはまさにか AとBがCに移りかわるところであり、地点Fは反応後の分子Cの状態を表している。

　山頂の地点Mにあるとき、これを**遷移状態**と呼んでいる。地点Ⅰと地点Mとのエネルギー差 ΔE_a がこの反応の活性化エネルギーである。衝突エネルギーが E_1 の場合は $E_1 < \Delta E_a$ であるため、AとBは衝突するが反応には至らず、また地点Ⅰに戻ってくる。$E_2 > \Delta E_a$ の場合はめでたく反応し、Cが生成される。すなわち、互いに衝突するだ

けではだめで、反応が起きるためには活性化エネルギーを超える衝突エネルギーが必要なのである。

■熱力学と速度論との関係

図2.8を用いて、ここまでの反応速度論と熱力学との関係を整理してみよう。すなわち、地点Iと地点Fの自由エネルギー差を問題にするのが熱力学である。地点Fの自由エネルギーが地点Iより高ければ、この反応は自発的には進行しない。一方、地点Fの自由エネルギーが地点Iよりも低ければ、反応は自発的に進むはずである。ここまでは熱力学が教えてくれる。しかし、その途中の過程にある活性化エネルギーのことはまったく熱力学の範疇にはない。

したがって、反応させるためには活性化エネルギーを超えるだけの余分なエネルギーをつぎこまねば反応は進行しない。また、活性化エネルギーが小さければ早い時間に平衡に達するだろうが、これが高ければとても時間がかかってしまう。したがって、平衡に達する時間を問題にするには活性化エネルギーがどれほど大きいかを知ることが重要である。実用的な観点からすると、活性化エネルギーを下げることができれば、すみやかに平衡に到達することができるということを反応速度論は教えている。

2.3　律速段階

AとBからCが生成するということを反応式で書くと

第2章　触媒とは

$$A + B \rightarrow C$$

といとも簡単に書ける。しかし、一般にはCが生成するにはいくつもの段階を踏まえねばならない場合がほとんどである。例えば、

$$A + B \rightarrow D \rightarrow E \rightarrow C$$

などのようにいくつもの過程が関与していることがある。これらのそれぞれの過程を反応の**素過程**という。ハーバー－ボッシュ法における素過程は第3章で述べる。

　これらの素過程は、どれも同じ速度で進行するわけではない。どれかの反応素過程が他のものに比べて非常に遅い場合、全体の反応の進行はその過程によって決まってしまう。その過程のことを反応における**律速過程**という。

　このことを、図2.9にあるようにA地点からD地点まで移動する一群の自動車の流れで考えてみよう。出発点のAからB地点までは一般道を行き、B地点からC地点までは高速道路、C地点からD地点まではまた一般道を行くこととしよう。当然、一般道での速度は高速道路に比べて遅い。それでも途中で渋滞などがなければ、この一群の自動車はスムーズに流れるだろう。しかし、高速道路に入ってからC地点での出口を通る自動車の処理（すなわち、料金の徴収）速度が遅いとしだいにこの出口に集まった自動車の数が増えはじめ、渋滞を起こす。したがって、出発点から最終到着点までこの一群の自動車がたどり着く速度はC地点の料金徴収所を通過する速度で決まってしまう。

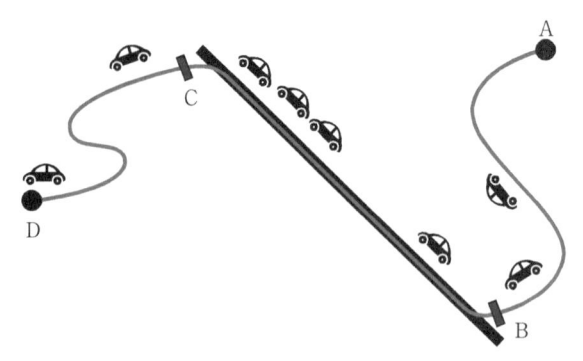

図 2.9　律速段階
A地点からD地点まで走る自動車のグループ。C地点の料金所で渋滞が発生している。この場合はC地点の料金所を越えることが律速となっている

このように全体の速度を律する過程が律速過程である。したがって、触媒反応を理解する、あるいはある反応に有効な触媒を考える際には、注目する反応の素過程の中でどの素過程が律速であるかを見極めることが重要である。

2.4　触媒作用

　反応が自発的に進行する条件や、実際に反応する際の経路と速度などの基本的な事柄に関する考え方を、ここまで述べてきた。このように準備が整ったので、触媒の役割をここで整理しよう。

　反応の活性化エネルギーがたいへん高い場合、大きな衝突エネルギーをもたらすような分子でないと反応しない。

第2章 触媒とは

すなわち、反応物の温度を高くしないと反応が進行しない。仮に熱力学的には生成物側の自由エネルギーが小さくて自発的に進行するはずの反応であっても、活性化エネルギーが高ければ反応は遅々として進まない。

そこで、触媒はそんなに高い温度にしなくても反応を進行させるために通常使われる。あるいは、同じ温度でも反応速度を増加させるために使われる。このためには何が必要かというと、反応の活性化エネルギーを何らかの方法で下げることである。すなわち、有用な触媒とは反応の活性化エネルギーを下げ、反応系の化学平衡をすばやく達成させることができるものを意味する。

ここで注意することは、触媒を用いることにより平衡に到達する時間は短縮できるが、平衡の位置をずらす、つまり**平衡定数**自体を変えることは決してできないということである。平衡定数を変えることができないということは、平衡に達した際の反応物、および生成物の濃度（平衡濃度）は熱力学で規定されており、触媒の有無は関係がないということを意味する。

もう一つの注意は、反応の前後で触媒自身は決して変化してはいけないということである。反応の途中では触媒の化学的組成や構造は変化するかもしれないが、反応が終わった時点では反応前のものに戻らねばならない。だからこそ、触媒は一見反応には関与していないように見えてしまう。この必要条件は自明だろう。なぜなら、もし触媒自身が反応によって化学的に変化してしまい、もとのものとは異なる化合物になると、本来持っていた触媒としての能

力を失う。したがって、反応は最初一時的に進行するが、反応に関与した触媒はもはや触媒としての役割を果たすことができなくなるので、全体として反応はストップしてしまう。

第3章 表面科学の戦略

3.1　触媒反応の分子レベルでの理解に向けて

前章では触媒とその作用について、基礎的な観点から考えた。すなわち、触媒の役割は自分自身は反応の前後で変化しないものの、反応の過程に関与して反応の活性化エネルギーを下げることにより、反応速度を加速し、平衡に到達する時間を短縮するというものであった。

触媒作用の外形的な役割はこれに尽きている。しかし、これで触媒、および触媒による反応を理解したことになるのだろうか。また、外形的な役割の理解のみで、反応の種類に応じてどのような物質を触媒に選べばいいのかという問題を解決できるだろうか。触媒作用という不思議な現象の真の理解は、反応気体中に触媒として混入させた金属粒子の表面で、反応物である分子が実際にはどのようにして反応しているかということを解明して初めて深いものになる。このような理解の仕方を、ここでは「触媒の分子レベルでの理解」と呼ぼう。

分子レベルでの理解は、原料を触媒の入った反応容器に入れて、ある一定の条件下で反応させ、生成物を取り出すというプロセスをいくら繰り返しても到達できない。この意味で触媒反応というのは大きなブラックボックスである。反応容器の中で、ある温度と圧力のもとでは反応が速く進むという事実のみからは、触媒粒子の表面で何が起きているのかを理解することはできない。この現象を分子レベルで理解できれば、どういうところが触媒反応の最も重要な部分であるのか、この反応ステップを改良するにはど

のような元素、あるいはその組み合わせが有効なのか、また、どのような表面の触媒を用意すればよいのかなどという、触媒開発の指針を見出すことができるはずである。また、このような実用的な観点とは別に、触媒のような不思議な現象を目の当たりにして、この現象を原子・分子サイズのミクロな視点から理解したいという学術的好奇心を持つことは自然科学者として当然の欲求でもある。

3.2　悪魔が作った表面

そこで、このブラックボックスである触媒反応の解明に立ち向かおうとしたのが**表面科学**という学問分野である。古くから物理学者や化学者は気体や液体、あるいは、固体の性質に着目して研究を行ってきた。しかし、触媒反応はこのような空間を均一に満たしている物質の相で起きるのではない。前章まで述べてきた触媒反応は金属という物質の表面で起きる。もう少し正確に言うと、触媒反応は金属という固体と気相とが接する面、すなわち界面で進行する。したがって、気体のみ、あるいは固体のみの性質を究めても、触媒反応を理解することはできない。この表面・界面を研究対象とする学問が必要である。このような背景から発展してきたのが、これから述べる表面科学である。

■神が創った結晶

固体の中でも結晶と呼ばれる物質は原子が非常に規則正しい空間配列をしているため、実験的にも理論的にも取り

扱い易い。したがって、結晶の構造やさまざまな物理的・化学的性質に関する研究は進み、たいへん精緻な学問体系が創られてきた。理想的な結晶は原子の並びが規則的で、途切れることなく空間を際限なく満たしている物質だが、現実の結晶は有限の大きさを持っており、必ず端がある。この端に出た面こそが表面である。

　結晶内の原子はその周りに決まった数の原子が存在し、これらと結合することにより互いに規則正しい構造を保っている。ところが、結晶の端、すなわち表面にいる原子はどうだろうか。表面というのは結晶の端に現れるといったが、結晶を切断した際に現れる面であるともいえる。したがって、表面にいる原子は結晶中で本来結合を作っていた仲間の原子集団の少なくとも半分を失っているということになる。人は人生の伴侶や親しい友人を失うと、とても悲しくなり身の置きどころがなくなるように、表面に露出した原子は本来結合していた相手がいなくなるので、その手をもて余してしまう。また、結晶中のように周りの原子との結合による安定化を図ることが一部できなくなるので、不安定な状態になってしまう。このようにもぎとられた結果できた結合の手を、**ダングリングボンド**と呼ぶ。ダングリングとは結合できないままぶらぶらしている未だ結合できない状態、すなわち未結合手という意味である。

■悪魔が作った表面

　固体を切断することにより表出する面として表面をとらえると、固体の表面が化学的にとても活性であることが容

易に想像できるだろう。なぜなら、表面に露出した原子は未結合手をたくさん持った状態で存在しているのだから、ここに気相から分子が飛来してくれば待ってましたとばかりにそれと結合を作ることが予想される。したがって、このような状態にある表面は化学的に活性であるという。

また、結晶の表面というのは結晶の一部でありながら、結晶が本来持っている性質とはかなり異なる性質を持ち得る。もちろん、もともと結晶は規則正しい原子配列をしているので、結晶の端であったとしてもそこには結晶が本来持っていた規則正しい構造が残っているはずである。しかし、表面の性質を理解することは結晶の性質を理解することに比べて格段に難しい。結晶は3次元空間で規則正しい原子配列をしているため、その構造はもとより、どのようなエネルギー状態にあるのかを理解するための理論が古くから確立されてきた。これに対して表面ではそこで3次元的な規則性が破れているため、表面での原子配列やエネルギー構造がどうなっているかを理論的に予測することは難しい。また、表面が化学的に活性であるということは、表面の状態を制御することが難しいので実験的に研究することも格段に難しくなる。1945年にノーベル物理学賞を受賞したヴォルフガング・パウリ（Wolfgang Ernst Pauli）の"God made solids, but surfaces were the work of the Devil"（神は固体をお創りになったが、表面は悪魔の仕業だ）という言葉が表面研究の難しさを物語っている。

3.3 表面科学の戦略

さて、このような固体表面での化学反応を調べるために、表面科学ではどのような戦略が立てられたかをこれから見ていこう。

まず、表面科学という学問分野は真空技術の開発とともに発展してきたことに注意しよう。真空技術というのは容器の中にある気体をできるだけ外に排気して容器を空っぽにしようとする技術である。どうしてこんなものが必要なのだろうか。

例えば、分子が触媒の表面に吸着したとしよう。それでは、その分子は触媒表面に並んだ原子列のどこに、そしてどのような姿勢（配向）で吸着しているのだろうか。これは表面反応を理解する上での最も基本的な疑問であるが、このような単純な問題も簡単に答えることは難しい。なぜなら、前述したように表面は化学的に活性であるため、大気中に放置しておくと表面は酸化され、また、いろいろな不純物が吸着して表面を覆ってしまう。したがって、注目する反応分子が実際に固体表面にどのように吸着するかを調べるためには、できるだけ不純物を取り除いておく必要がある。そのためには表面をきれいに掃除する、すなわち清浄化する必要がある。また、観測のためにはせっかく清浄にした表面を汚すことなく長時間保たねばならない。

さらに、触媒である金属は酸化物表面に付着された微結晶である。表面は結晶をある面で切断したものであることを先に述べたが、この切断の仕方に応じて現れる表面での

原子配列はすべて異なる。したがって、微結晶はさまざまな原子配列を持った表面を持つ。すべての表面が一様に触媒作用を持つのなら問題は簡単なのだが、そんな保証はどこにもない。いったいどのような原子配列を持った表面が、触媒作用に効いているのだろうか。このような疑問に答えるためにはある特定の原子配列を持った表面を用意し、これに関して研究を行い、他の原子配列を持った表面と比較検討しなければならない。

　このように、表面はさまざまな原子配列を持つ構造を持ち得るし、おまけにいろいろな不純物が吸着している。したがって、注目する表面の構造や清浄性をまったくコントロールしない状態で実験を行うと、ある研究室で得られた結果とまったく違う結果が他の研究室では出たり、あるいは、同じ研究室でも別の研究者が実験をすると違う結果が出たり、さらには同一人物でも自分が出した結果を再現できないということが起きる。これでは真実をつきとめることはできない。科学、特に実験科学においては実験結果を再現できる、すなわち結果の再現性こそが、科学を発展させるたいへん重要な要件である。表面科学に限らずあらゆる科学の分野が、この「誰がやっても同じ結果が出る」という事実を積み重ねて発展してきた。自分の妄想に合致する結果だけを取り出し、これをもとに話を組み立てるなどということは科学の健全な発展を妨げるものであり、言語道断の行いである。

　一般に複雑な事象を理解するためには、デカルトが著名な『方法序説』で主張したように、複雑なものは分解し、

網羅的に調べ、後に統合するという還元主義が有効である。表面科学も触媒という複雑な現象を理解するために、理想的な条件を整備し、できるだけ現象を単純なものに分解し、それを個別撃破することにより全体を明らかにしようという立場に立って発展してきた。そして、その武器となるのが超高真空と単結晶である。

3.3.1　超高真空とは

　研究対象となる分子を表面に吸着させて、何らかの測定を行うことを考えてみよう。表面にある不純物が十分取り除かれていることが前提である。そのような清浄な表面に分子を吸着させ観測をしている間に、どんどん他の不純物が吸着してきては困る。できるだけそれ以外の分子が吸着しないようにする工夫が必要となる。このために必要な技術が超高真空技術である。

■**なぜ超高真空が必要か**

　次のような問題を考えてみよう。仮にまったく分子が吸着していない清浄な表面を用意できたとし、これを1気圧の気体（例えば窒素分子）に曝したとしよう。この表面をどれくらい長く清浄に保っていられるだろうか。室温（20℃）で1気圧の窒素気体には1 cm^3 当たり 2.5×10^{19} 個の窒素分子が存在する。そして、この温度では窒素分子は平均として 510 m/s の速度で飛び回っている。

　一方、固体表面の単位面積（1 cm^2）当たりには 1.0×10^{15} 個の原子がある。この原子1個につき分子が1つ吸着でき

るとし、気相にある窒素分子が表面に衝突すると必ず吸着されるという、最悪の場合を想定してみよう。圧力 P [Torr]、温度 T [k]の気体（分子量 M）の分子が固体表面の単位面積（$1\,\mathrm{cm}^2$）当たりに衝突する分子の数 r は毎秒

$$r = 3.51 \times 10^{22} \frac{P[\mathrm{Torr}]}{\sqrt{T[\mathrm{k}]\,M[\mathrm{g/mol}]}} \tag{3.1}$$

と見積もられる。そこで、$P=1$ 気圧（$=760$ Torr）の場合、この式（3.1）よりこの表面が窒素分子によって埋め尽くされる時間はわずか 3.4×10^{-9} 秒であると見積もれる。これではとてもまともな観測はできない。できるだけ表面を清浄に保ちたいとすると、やるべきことは1秒あたりに表面に衝突する分子数を減らすことである。そこで、超高真空技術が必要となる。

例えば、調べたい試料が入っている容器を真空ポンプで排気し、10^{-6} Torr にしたとしよう。これは、1気圧の約 10^{-9} 倍の圧力だから、気体の密度も 10^{-9} 倍に減り、表面が窒素分子に埋め尽くされるまでの時間は飛躍的に延びて3秒となる。しかし、これでもわずかな時間である。さらに、3桁真空を良くして 10^{-9} Torr とすれば3000秒、10^{-10} Torr とすると500分で表面が気体分子で覆い尽くされることになる。この簡単な見積もりから、より安全サイドに立つと 10^{-10} Torr 程度の真空を保持できれば、不純物による汚れを気にしなくても観測ができるということになる。このような高い真空状態を超高真空と呼んでいる。

■超高真空を得るためには

超高真空を得るためにはいろいろな工夫が必要である。もちろん、真空度の高い宇宙空間で実験ができればよいのだが、そうもいかない。実験室でできるだけ高い真空状態を準備しなければならない。このために、最も重要なことは高性能の排気ポンプを開発することである。これが表面科学が真空技術の進展とともに発展してきた理由の1つである。

超高真空を得るための排気ポンプとして、さまざまなものが開発されてきた。最近、よく使われるものとしては分子ターボポンプというのがある。ジェットエンジンを思い出してほしい。ジェットエンジンは、多くの羽根がついたタービンを高速回転させることで、吸気口から入った空気を圧縮し後部から噴出させることにより推力を得る仕組みになっている。これと同じ理屈で、分子ターボポンプは容器の中にいる気体分子をタービンで容器外に掃き出すことにより排気する。

このような性能の良い真空ポンプを使えば、いくらでもよい真空を作れると思うかもしれないが、実はそう簡単なことではない。反応容器は通常ステンレス鋼で作られており、これを大気圧力から排気していくと 10^{-8} Torr 程度の真空には比較的短時間に到達することができる。しかし、この後時間をかけて排気を続けても、なかなか真空がよくならない。これは、ステンレス容器中の空気（酸素と窒素）は容易に排気されるのだが、容器の壁面にはたくさん

の水が吸着していてこれを容器外に排気するのにたいへん時間がかかる。

10^{-8} Torr 程度の真空度では、容器内には気体の流れはもはや存在せず、残存している分子は無秩序に容器内を飛び回っている。その中でも容器の壁面に吸着されている水分子は壁面から真空中に脱離して、また壁面の違う部分に衝突してそこに吸着するという吸着・脱離を繰り返している。たまたまポンプの排気口に入ってきた水分子は、ポンプによって容器外に掃き出すことができるが、なかなか真空ポンプの排気口までこない状態が続く。容器壁での吸着・脱離はラングミュアの白熱電球の研究のところでも述べたが、表面科学における重要な問題である。したがって、よい真空を得るための真空技術にも吸着・脱離はたいへん重要な過程である。

水分子を真空容器から追い出すためには、水分子が吸着してステンレス表面上にいる滞在時間をできるだけ短くする必要がある。その有効な手段としては、ステンレス容器を丸ごと熱することである。これを装置の焼き出しという。ステンレス壁の温度が高くなると水分子はより脱離しやすくなるので、脱離した後、他の部分に吸着したとしてもすぐに脱離する。したがって、真空ポンプの排気口にたどりつく分子の数も増え、有効に容器外に排気することができるようになる。この焼き出し作業の結果、水が取り除かれてからからに乾いた状態を作ることができると真空度は 10^{-10} Torr 台に突入する。

さて、それでも到達できる真空度は 10^{-10} Torr ぐらい

である。これくらいの超高真空でも 1cm^3 あたりに 4×10^{10} 個の気体分子が存在する。どうしてこれ以上よい真空にすることが難しいのだろうか。それは、ほとんどの水が排気されてからの真空度は、実はステンレス自体から脱離してくる水素分子が決めている。ステンレス鋼材はその中に水素を吸蔵しており、ここから水素が真空中にたえず脱離してきて、この脱離の速度と真空ポンプの排気速度が釣り合ったところで到達できる真空度は決まってしまう。

3.3.2 単結晶とは

　前節では、いかに表面を清浄に保つかという表面科学の1つの戦略について述べた。そこで、ここではもう1つの戦略、すなわち、試料として単結晶を用いるということについて述べよう。

　実際に工業的に使われる触媒は、触媒作用を示す金属粒子がそのまま用いられるわけではなく、アルミナやシリカなどという酸化物微粒子にこの金属粒子を付着（担持という）させたものを用いる。そして、金属粒子を担持させる母体を担体という。担体である金属酸化物の微粒子はたいへん広い表面積を持っているので、担持する金属粒子の数もこれに応じて格段に増える。したがって、反応をより効果的に進行させることができる。

■担体の表面積

　このような酸化物微粒子を用いると、どれくらい広い表面積が得られるかを簡単に推定してみよう。

アルミナの密度は約 $4\,\mathrm{g/cm^3}$ なので、1 g のアルミナが1つの完全な球であるとすると、その半径は $r=4\,\mathrm{mm}$ で、ほんの小さな球である。この表面積は $S=4\pi r^2=1.9\times 10^{-4}\,\mathrm{m^2}$ に過ぎない。この球を半径 $1\,\mu\mathrm{m}$ の微粒子に分割したとすると、この小さなアルミナ微粒子の質量は1粒あたり $1.8\times 10^{-11}\,\mathrm{g}$ なので、全部で 5.6×10^{10} 個の微粒子に分割される。この1微粒子の表面積は $1.3\times 10^{-11}\,\mathrm{m^2}$ に過ぎないが、分割で生じた全微粒子の表面積を加算すると $0.73\,\mathrm{m^2}$ にもなる。したがって、この分割によって全表面積は元の1粒子の場合から約3800倍に増える。さらに、この推定では各粒子がつるつるの表面を持った球として考えたが、担体微粒子には孔が開いていたり、またその表面には凸凹があったりするので、実際には1gあたり $100\,\mathrm{m^2}$ を越える表面積が得られる。

■単結晶表面

このような酸化物の粒子に担持された金属触媒はマイクロメートル以下の微粒子で、いろいろな原子配列をした表面を持っている。これくらい小さいと粒子の表面積と体積との比はたいへん大きい。また、金属粒子の表面は図3.1に示したように、平滑なものではなく、ところどころ原子が表面からなくなり穴があいていたり（原子欠陥）、逆に表面上に余分の原子が付着（アドアトム）していたり、また、表面が階段状になっていたりする。したがって、表面での反応が有効に進行するのはどのような原子配列をした表面なのか、また階段状になっている表面のステップなの

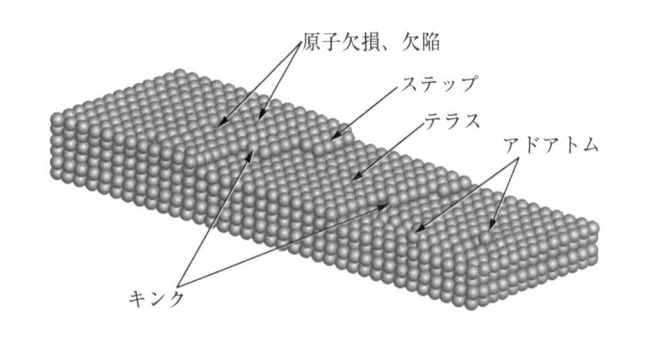

図の注記:
- 原子欠損、欠陥
- ステップ
- テラス
- アドアトム
- キンク

図 3.1　金属表面における原子配列とさまざまな欠陥サイト

か、あるいはテラスなのか、などが重要な問題となる。

　そこで、このような複雑さをできるだけ簡単な状況にして研究をするというのが還元主義で、この主義のもとで発展した表面科学では試料に結晶を用いることとした。一般に結晶といってもその中にはいくつもの原子配列の異なる結晶から構成されているもの（**多結晶**）があるが、ここでいう結晶というのはすべて一種類の原子配列からなっているもので、これを**単結晶**という。銅の単結晶は、図3.2に示すように立方体のコーナーに銅原子があり、この立方体のそれぞれの面の中心にも銅原子が配置される。このような構造を持つ結晶を面心立方格子という。

　この単結晶をさまざまな角度で切り出すことにより、さまざまな原子配列を持った表面を準備することができる。例えば、銅の単結晶をある面で切断した際に現れる代表的な表面の原子配列を図3.3に示す。これらの表面を区別するために**ミラー指数**という3個の数字の組み合わせを用い

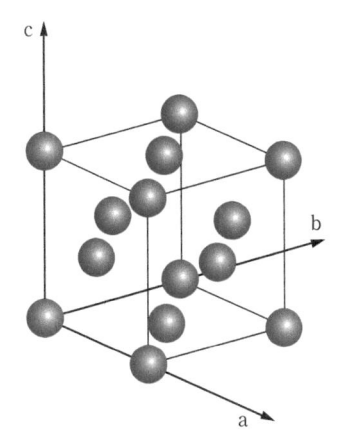

図 3.2 面心立方格子を持つ銅の単結晶の原子配置

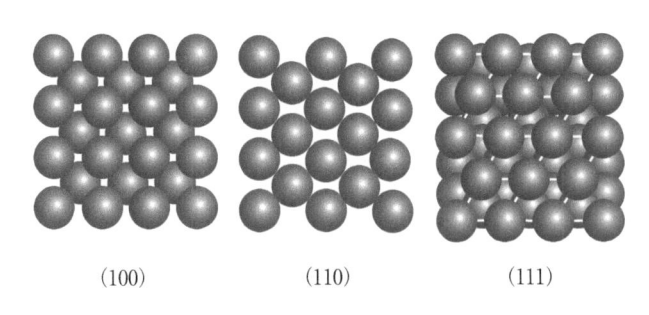

(100)　　　　　　(110)　　　　　　(111)

図 3.3 銅の単結晶から切り出した代表的な表面の原子配列

ている。(111) 面は蜂の巣のように原子が並んでおり、単位面積あたりの原子密度が最も大きい。(100) 面や (110) 面は (111) 面よりも表面にある原子同士の間隔は広く、より隙間がある原子配列になっている。(111) 面の表面原

子は原子間隔も狭く、またその中の1つの原子に着目すると、これに隣りあう原子の数が他の面に比べて多い。したがって、この面が熱力学的に最安定な構造である。

このように、金属の単結晶を任意の面で切り出し、ある特定の原子配列のみを持つ表面を用意し、そこでの分子の吸着や反応の様子を調べることが表面科学のもう1つの重要な戦略である。そして、これを前述した超高真空の容器の中に入れて、この表面からできるだけ不純物を取り除いた清浄な表面を用いて研究を行う。このような単結晶の清浄な表面をよく規定された表面と呼んでいる。

3.4　アンモニア合成反応のメカニズム

表面科学の手法、すなわち単結晶表面を超高真空の中に入れ、そのよく規定された清浄な表面上でどのようなことが起きるのかを調べるということを前節までに述べた。そこで、この表面科学の手法を用いて行われた代表的な研究として、第1章で述べたハーバー-ボッシュ法によるアンモニア合成の反応機構について考えてみよう。

■エルトルによる反応機構の解明[1]

ハーバーが原理実証し、BASF社のボッシュが工業化したアンモニア合成の反応式は

$$N_2 + 3H_2 \rightleftarrows 2NH_3 \tag{3.2}$$

と書き表され、全体としては窒素分子と水素分子からアン

モニアが生成されるのだが、触媒のもとで実際に起きている反応はいくつものステップから成り立っている。すなわち、いくつもの反応素過程から成り立っている。そして、表面科学の手法を用いて、アンモニア合成反応の素過程、反応のメカニズムを解明したのがゲルハルト・エルトル (Gerhard Ertl) である。彼は、まさにハーバーの名前を冠したフリッツ・ハーバー研究所（前身はハーバーが所長を勤めていたカイザー・ヴィルヘルム研究所）の物理化学科のディレクターであった。この業績を含む「固体表面での化学過程の研究」に関する功績で、彼には2007年にノーベル化学賞が授与されている。

■反応の律速段階はどこか

それでは表面科学的手法により、アンモニア合成反応機構がどのようにして解明されたのかについて見てみよう。

まず、水素分子が鉄表面では解離して吸着する

$$H_2(g) + 2* \rightarrow 2H(a) \qquad (3.3)$$

ことに関しては疑いはなかった。ここで、(g)はその化学種が気相中、(a)は表面上に吸着している状態を表す。反応式の中の*は、表面反応では分子や原子が吸着するには表面にしかるべき場所（サイト）が必要なので、この星印*はそのサイトが他のものでブロックされていない空きサイトであることを示している。

そこで、アンモニア合成研究の当初からの最大の問題は、アンモニアは分子状に吸着した窒素を起点として進む

のか

$$N_2(a) + 6H(a) \rightarrow 2NH_3(g) \tag{3.4}$$

それとも、窒素原子との反応

$$N(a) + 3H(a) \rightarrow NH_3(g) \tag{3.5}$$

により進むのかという点であった。すなわち、表面に吸着した水素原子と反応するのが強固な三重結合を持つ窒素分子なのか、それともすでに窒素分子が解離して吸着している窒素原子なのかということが、最も重要なポイントになっていた。

これを明らかにすべく、エルトルらは鉄の単結晶を用いてFe(110)、Fe(100)、Fe(111)の表面での反応を研究した[1]。この問題解明のポイントとしては、次の2つの点が挙げられる。

第一は、アンモニア合成反応が反応物である窒素や水素の圧力に対して、どのように変化するかという問題である。反応式(3.4)の場合、分子状の窒素が水素と反応するのと並行して、遅い過程ではあるが

$$N_2(a) + 2* \rightarrow 2N(a) \tag{3.6}$$

も進行するはずである。そして、この原子状に吸着した窒素原子が水素原子と反応式(3.5)により反応しないのならば、表面をN_2に曝し続けると表面は最終的に窒素吸着原子で覆い尽くされる。しかし、実験的にはこのように多くの窒素原子が表面上に吸着するような状態は一切検出で

きなかった。

もし、反応式 (3.5) でアンモニアが合成されるのなら、窒素分子と水素分子からアンモニアがある一定の速度で生成されるような条件（定常状態という）にした場合、鉄の表面上には時間によらず一定量の窒素原子が存在するはずで、この量 $[N(a)]$ は

$$[N(a)] \propto \frac{p_{N_2}}{(p_{H_2})^x} \tag{3.7}$$

で表される。ここで、x は未知数であり、実験的に決定される。また、p_{N_2}、p_{H_2} はそれぞれ窒素、水素ガスの圧力である（∝は比例することを表す）。この式が成立するならば、水素ガスの圧力が増える程、$[N(a)]$ は低下するはずである。実際、実験の結果（図3.4）を見ると $[N(a)]$ は水素ガスの圧力に対して単調に減少している。したがって、この圧力依存性から反応式 (3.5)、すなわち原子状窒素が水素と反応してアンモニアを合成していることがわかる。

別の実験から、窒素分子が表面に分子のまま吸着する過程

$$N_2(g) + * \rightarrow N_2(a) \tag{3.8}$$

の確率は 10^{-2} 程度、すなわち、100個の窒素分子が表面に衝突すると、そのうちの1個が吸着される程度の確率である。これに対して反応式 (3.6) のように窒素原子へと解離吸着する確率は 10^{-7} と、5桁も小さいことがわかった。

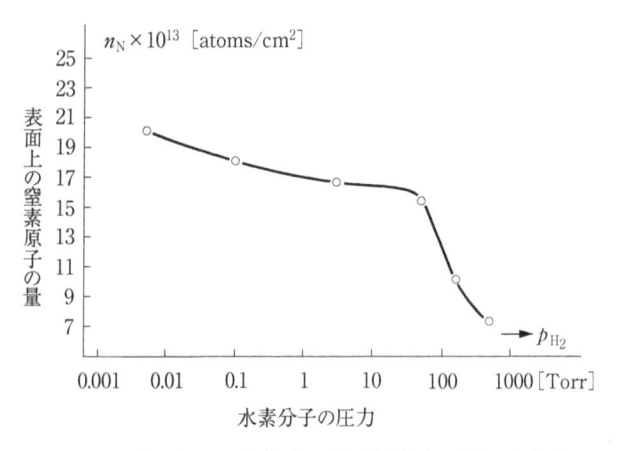

図 3.4 Fe (111) 面に存在する原子状窒素の量の水素ガス圧力に対する依存性
温度は310℃で $p_{N_2} = 150$ Torr [1]

　この違いは容易に想像できる。なぜなら、窒素分子は強固な三重結合を持っているので、これを切断して吸着させるには相当エネルギーが要りそうである。したがって、窒素原子が水素原子と反応してアンモニアを合成するためには、窒素分子から原子状の窒素を表面に作りだす解離吸着過程である式（3.6）が反応の律速段階に違いないと彼等は結論した。

　さらに、原子状窒素の量が表面温度に対してどのように変化するかをエルトルたちは測定した。その結果を図3.5に示す。これは、鉄表面に窒素ガスを曝しながら表面に吸着した原子状窒素の量を測定したものである。この結果から、測定した553Kから783Kまでのどの表面温度におい

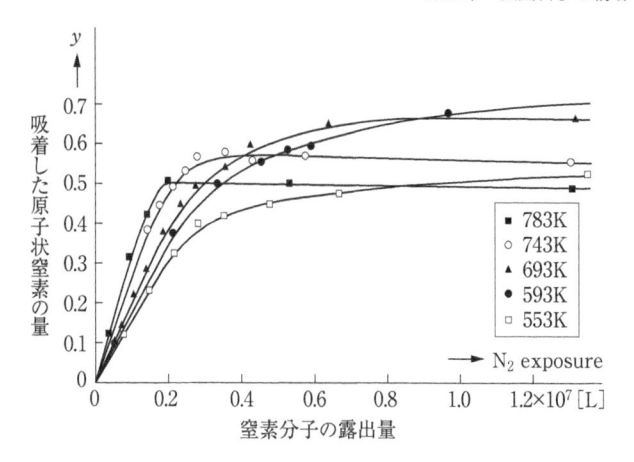

図 3.5 Fe (100) 表面に吸着した原子状窒素量の窒素ガスへの露出量依存性

温度は553Kから783Kまで変化させている [1]

ても、原子状窒素の量は最初急激に増加するが、いずれほぼ一定値になることがわかる。これは、原子状窒素が表面にある一定量吸着するとそれ以上表面に吸着できないことを示している。これは、第1章で述べたラングミュアの吸着等温線のモデルと同じである。

この実験結果で特に注目したいのは、鉄表面を窒素に曝し始めた最初の頃に、急激に原子状窒素の量が増加している部分である。特に、この曲線の傾きが温度上昇とともに大きくなっていることに注意しよう。この曲線の傾きが窒素分子の解離吸着の速度を表しており、この傾きが大きいほど窒素分子の解離吸着の速度が大きい。したがって、この実験結果は温度が高い程、窒素の解離吸着速度が大きく

なるということを示している。第2章で述べたように、これは窒素分子の解離吸着には活性化障壁があることを示しており、この解離吸着速度の温度依存性をアレニウスプロットしてみると、活性化障壁がFe(100)表面においては5 kcal/molであることがわかったのである。

このような実験を積み重ね、エルトルたちはアンモニア合成反応は次のような反応素過程から成り立っていると提唱した。

$$H_2(g) + 2* \rightleftarrows 2H(a)$$
$$N_2(g) + * \rightleftarrows N_2(a)$$
$$N_2(a) \rightleftarrows 2N(a)$$
$$N(a) + H(a) \rightleftarrows NH(a)$$
$$NH(a) + H(a) \rightleftarrows NH_2(a)$$
$$NH_2(a) + H(a) \rightleftarrows NH_3(a)$$
$$NH_3(a) \rightleftarrows NH_3(g)$$

また図3.6は、エルトルの実験やその他の研究者による理論的な計算から見積もられた各素過程ごとの活性化障壁を表したものである。左から見ていくと、窒素分子が分子状に吸着（式（3.8））するとき4 kcal/molの吸着エネルギーを得る。しかし、この状態から窒素分子の窒素間の結合を切る（式（3.6））には約5 kcal/molのエネルギーを必要とする。室温での熱エネルギーはせいぜい0.6 kcal/molなので到底この反応障壁を越えることはできない。したがって、反応系を加熱し、窒素分子の運動エネルギーを高くしなければならない。

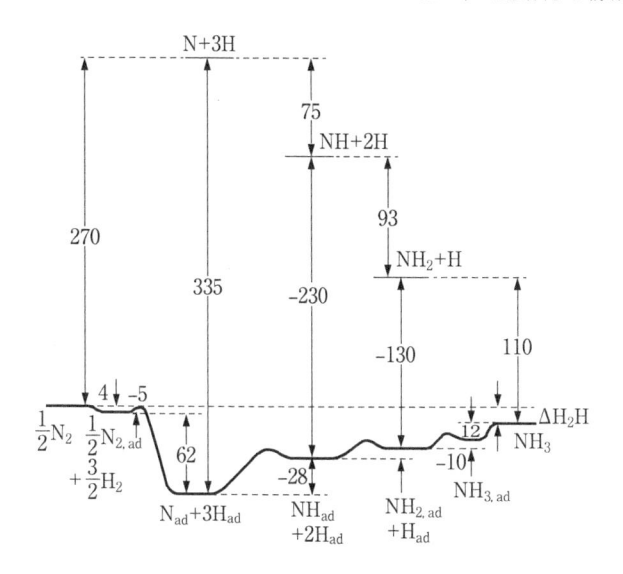

図3.6 アンモニア合成反応における反応機構
各素過程とそれぞれの反応障壁。単位はkcal/mol [1]

このように外からエネルギーを与えねばならないが、いったんこの障壁を越えると、窒素原子と触媒表面での鉄原子との間の強い結合により窒素原子はたいへん大きなエネルギーを得る。したがって、その後の各素過程におけるエネルギー障壁を越えて最終的に気相中にアンモニア分子を放出させるところまで到達することができる。もし、表面の温度が低いと、窒素原子として解離吸着する際に得た余剰エネルギーを窒素原子が急激に失い、窒素原子は解離吸着以降の反応中間体の井戸の中に閉じこめられる。したがって、そこから脱出して次に進むための過程が新たな律速

段階となる。

ここでハーバー-ボッシュ法における反応律速過程である窒素分子の解離吸着に必要な活性化エネルギーと、気相中での窒素分子の解離過程におけるものとを比べてみよう。窒素分子は三重結合を持ったたいへん安定な分子であり、気相中でこれを2つの窒素原子へと解離

$$N_2(g) \rightarrow 2N(g) \qquad (3.9)$$

するには226 kcal/molのエネルギーが必要である。これに対して、鉄触媒の存在のもとではほんの5 kcal/molのエネルギーが必要であるに過ぎない。このことから、窒素-窒素間の結合を切断するのにどれほど触媒が有効に働いているかが理解できるだろう。

■鉄表面の原子配列によって反応活性は異なる

エルトルらは鉄表面の鉄原子の配列構造によって窒素の解離吸着速度が大きく異なることも、実験的に明らかにしている。彼等の実験によると、前述したようにFe(100)面での活性化障壁は5 kcal/molであるが、Fe(110)面では7 kcal/molと増加するのに対して、Fe(111)面ではほとんど活性化障壁はなくなる。したがって、410℃における窒素の解離吸着速度はFe(111)、Fe(100)、Fe(110)の順に小さくなり、その比は60:3:1となる。しかし、これはあくまで清浄な鉄表面に窒素分子を曝した初期の解離吸着速度であり、窒素原子の量が表面で増加するにつれて活性化障壁も高くなることが明らかになった。

このようにアンモニア合成における律速過程、そしてその律速過程の活性化障壁の高さ、さらにこれらが鉄の表面の原子配列によって大きく異なることが明らかになった。これらのことは単にアンモニアの収率を気体の温度や圧力の関数として測定するだけでは解明できなかったことである。まさに超高真空と単結晶表面を用いた表面科学の戦略が功を奏した輝かしい勝利といえる。

3.5 過ぎたるは及ばざるがごとし

窒素分子の解離吸着が律速過程であることがわかったので、触媒能を上げるためには、この過程における活性化障壁のエネルギーを下げることが必要であり、鉄酸化物を主成分とした触媒が有効であることはこれまでに述べた通りである。しかし、律速過程、すなわちアンモニア合成の場合は窒素分子の解離吸着のみに注目してこれの活性化障壁を下げれば、全体の反応がよりよく進むかというと、そうでもないというのが触媒反応の難しいところである。

次章で述べるように、分子と表面との相互作用が触媒反応において重要な役割を果たしている。ここで相互作用というのは、分子が触媒表面に近づいた際に表面に引き込まれたり、押し戻されたりする力が働くことを意味する。もし、相互作用が無視できる程小さい場合は、分子はその近くに表面があることに気がつかない。なぜなら、分子には表面からの力がほとんど及ばないからである。

しかし、相互作用が大きく、分子が表面から強い引力を

感じると、分子は表面に引きつけられ、表面との間に化学結合を作ってしまう。この相互作用が強いほど分子と表面原子との間の結合は強くなるが、逆にその結果、分子内の結合が弱まる。究極的には分子内の結合は切断され、分子はそれを構成している原子に分かれて表面に吸着する。これが解離吸着の意味である。したがって、窒素分子の解離吸着が律速過程であるのなら、この活性化障壁をなくしてしまえばよいと思ってしまいがちだ。しかし、過ぎたるは及ばざるがごとしで、物事はそれほど単純ではない。

■どうして触媒が働かなくなるのか

解離吸着の活性化障壁がなくなるほど窒素分子と表面との相互作用が大きいということは、窒素原子と表面との結合がきわめて強いことを意味する。図3.7に示したように、窒素分子と表面金属との間の相互作用が大きくなり、解離吸着への活性化障壁が下がる（$\Delta E_1' < \Delta E_1$）と、窒素原子が表面によりしっかりと吸着してしまうため、窒素原子に水素原子を付加していく次のステップの活性化障壁が逆にたいへん高くなってしまう（$\Delta E_2' > \Delta E_2$）。その結果、このステップを越えるための活性化障壁が大きくなり過ぎて、結局、最終的な生成物であるアンモニアの収量が少なくなってしまう。

また窒素分子が解離吸着するためには、反応式（3.6）で示したように、必ず触媒の表面に空きサイトと呼ばれる何にも覆われていない場所が必要である。しかし、安定に吸着した窒素原子が次々とサイトを埋めてしまうと空きサ

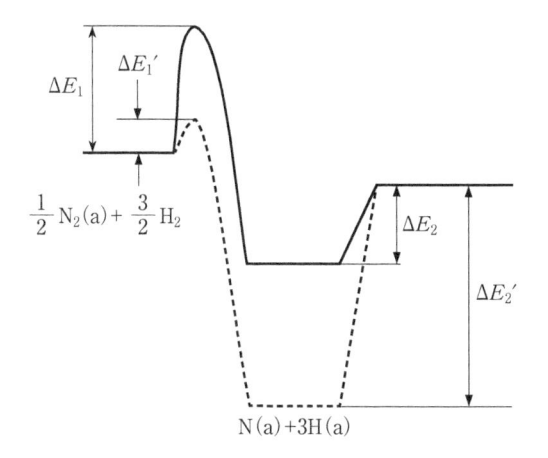

図 3.7 窒素分子との相互作用が大きくなり解離吸着の活性化障壁が下がっても、必ずしも、全体の反応効率が大きくならない

イトが不足し、窒素分子は解離吸着ができなくなってしまう。このような事態を触媒の**被毒**という。もちろん、触媒の被毒は反応物である窒素のみならず、他の不純物の吸着によっても起きる。

この点は触媒反応を考える上で、たいへん重要なポイントである。すなわち、反応を開始したほんの最初だけ触媒が反応促進を助けるだけでは、これは真の触媒とはいえない。触媒とは継続的に働いて反応ガスを処理する能力がなくてはならない。反応の途中で生成する反応中間体といわれる物質や最終生成物が触媒表面に強く吸着し、気体中に脱離できないようでは、空きサイトがどんどんとなくなり、反応を継続させようとしても肝心の窒素分子が解離す

る場所がなくなってしまう。

　これを人間の世界での人付き合いと対比してみると面白い。あまり良くない触媒というのは、好き嫌いの激しい人のようなものである。特定の人とはたいへん仲が良く、その人との親和性が強すぎるので、いったん親しくなるともう離れないため、他の人との接点がなくなる。これに対して、良い触媒というのは特定の人とあまり深く付き合うことはなく、いろいろな人とほどほどに付き合うことができるような人ということになろう。

3.6　触媒における元素戦略

　ハーバーはオスミウムやウラン、ボッシュやミッターシュはたくさんある元素の中から最終的に鉄を主体とした触媒がアンモニア合成には有効であることを発見した。このように、触媒反応に応じてどのような元素が最適かということが重要な問題であり、アンモニア合成にかかわらずすべての触媒反応において共通した問題である。どのような元素がよいかは前節で述べたこととも関係がある。ここでは触媒として元素を選ぶ際の一般的な戦略について考えてみよう。

■元素の周期表

　原子は原子核と電子から成り立っており、重い原子になる程、多くの電子を有している。電子は原子核の周りで運動しているが、通常、個々の電子の運動というよりも時間

平均したとき電子がどのように原子核の周りに分布しているか、言い換えると、電子が存在する確率の空間分布の方が化学結合や反応を考える際には重要である。そして、この存在の確率分布を表すもとになっているものを**電子の軌道**という。軌道というとまさに電子の運動の軌跡を表しているように思いがちだが、そうではなく、あくまでも電子が存在する確率に関係するものと考えねばならない。このような名前が付いたのは微視的な電子のような粒子の運動を記述する量子力学の発展の歴史に関係があるが、これに関する詳しいことは本書の範囲を越えるのでここでは深くは触れないでおこう。

個々の電子はでたらめな空間分布を示すのではなく、ある決まった空間分布を持つ。例えば、原子核の中心から見て球対称の分布を持つものがある。この場合は原子核から遠ざかる程、電子が存在する確率は下がるがその分布はどの方向でも同じである。これは、原子核の周りの角度を変えても電子が存在する確率の分布が同じということを意味しており、このような場合、角度依存性がないという。このような電子をs電子といい、またs軌道に入った電子という言い方もする。これに対して、ある軸の方向に大きな存在確率を持つ電子もいる。このような電子はp電子という。より複雑な角度依存性を持つ電子にd電子というのがある。これらの電子軌道の空間分布を図3.8に示す。

それぞれの軌道には固有のエネルギーがあり、同じs軌道でも最もエネルギーの低い軌道を1s軌道と呼び、2s、3sというようにエネルギーが高くなるほど前の数字が大

s軌道　　　p軌道

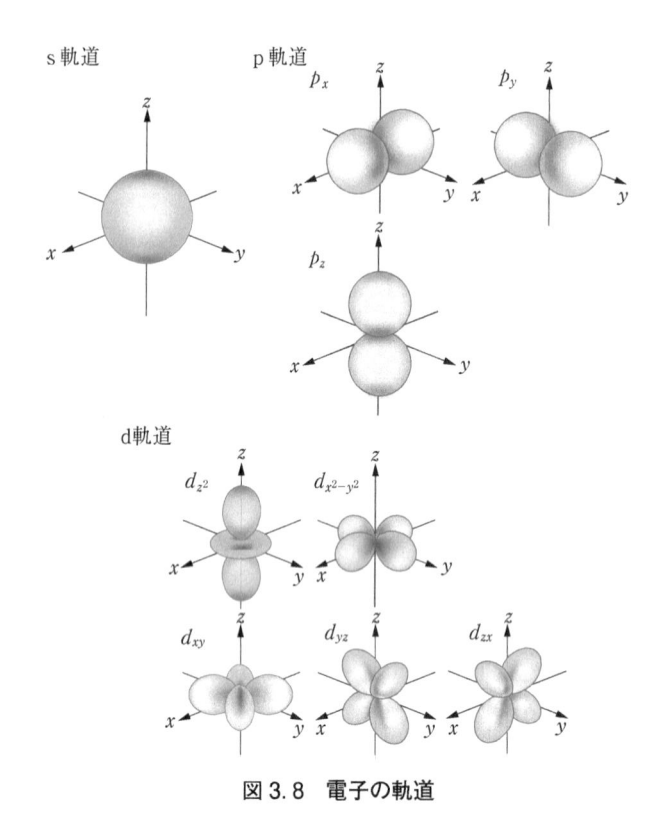

p_x　p_y

p_z

d軌道

d_{z^2}　$d_{x^2-y^2}$

d_{xy}　d_{yz}　d_{zx}

図3.8　電子の軌道

きくなる。また、電子軌道に入る電子の数には厳密な制限がある。例えば、s軌道には2個、p軌道には6個、d軌道には全部で10個の電子が入ることができる。

そこで、高校の化学で学んだ元素の周期表（図3.9）を思い出そう。周期表とは原子番号の小さいものから大きなものへと並べたものだが、縦方向には電子の各軌道への占

第3章 表面科学の戦略

族周期	1	2	3	4	5	6	7	8	9	10	11	12	13	14	15	16	17	18
1	1 H																	2 He
2	3 Li	4 Be											5 B	6 C	7 N	8 O	9 F	10 Ne
3	11 Na	12 Mg											13 Al	14 Si	15 P	16 S	17 Cl	18 Ar
4	19 K	20 Ca	21 Sc	22 Ti	23 V	24 Cr	25 Mn	26 Fe	27 Co	28 Ni	29 Cu	30 Zn	31 Ga	32 Ge	33 As	34 Se	35 Br	36 Kr
5	37 Rb	38 Sr	39 Y	40 Zr	41 Nb	42 Mo	43 Tc	44 Ru	45 Rh	46 Pd	47 Ag	48 Cd	49 In	50 Sn	51 Sb	52 Te	53 I	54 Xe
6	55 Cs	56 Ba	57~71 ランタノイド	72 Hf	73 Ta	74 W	75 Re	76 Os	77 Ir	78 Pt	79 Au	80 Hg	81 Tl	82 Pb	83 Bi	84 Po	85 At	86 Rn
7	87 Fr	88 Ra	89~103 アクチノイド	104 Rf	105 Db	106 Sg	107 Bh	108 Hs	109 Mt	110 Ds	111 Rg							

金属元素
半金属

ランタノイド (57~71)	57 La	58 Ce	59 Pr	60 Nd	61 Pm	62 Sm	63 Eu	64 Gd	65 Tb	66 Dy	67 Ho	68 Er	69 Tm	70 Yb	71 Lu
アクチノイド (89~103)	89 Ac	90 Th	91 Pa	92 U	93 Np	94 Pu	95 Am	96 Cm	97 Bk	98 Cf	99 Es	100 Fm	101 Md	102 No	103 Lr

図3.9 周期表

有する様子が同じものが整列するように配置されている。これは、電子配置が物理的、また化学的な元素の性質を支配しているから、このような並べ方がいろいろと都合がよい。

原子が持つ電子はエネルギーの低い軌道から順番に入る。まず最初に1s軌道に電子を1つ入れたのが水素（H）で、もう1つ入れたのがヘリウム（He）である。これで、1s軌道は満杯となるので第1周期は完了する。もう一段階エネルギーの高い2sと2p軌道に電子を1個ずつ入れていくとリチウム（Li）からネオン（Ne）の第2周期の系列ができる。さらにもう一段階エネルギーの高い3s、3p軌道に電子を詰めていくと、ナトリウム（Na）からアルゴン（Ar）の第3周期の系列ができる。これよりも重

い原子になるとさらに電子の数が増えるので、電子はより高いエネルギーを持つ4s、4p軌道を占めていくが、この段階では4d軌道にも電子を入れることができる。これが第4周期の元素である。

この周期になって、ようやく今まで述べてきた鉄（Fe）がでてくる。本書で扱う元素としてはこの周期にある銅（Cu）、さらに第5周期にあるパラジウム（Pd）、第6周期にある白金（Pt）などがある。これらの元素は周期表の真ん中の窪んだ場所を占めている。このような元素群を**遷移元素**、あるいは**遷移金属**と呼ぶ。どの周期においても、遷移元素は周期表の左から右に行くにつれてd軌道を占める電子の数が増えていく。

どの元素もそれぞれの軌道に電子が中途半端に詰まっている場合、その軌道が化学結合や化学反応に最も貢献する。したがって、軌道が全部電子で占められているHe、Ne、Ar、Kr、Xeなどの希ガスの元素は化学的に安定で、他の原子と反応したり結合を作ったりすることは通常ない。また、銅、銀、金などのようにd軌道に電子が10個満杯に入っている元素も反応性に乏しい。貴金属として貨幣に用いられたりするのは、これらの金属が化学的に安定であるためである。これに対して遷移元素の左端から貴金属元素に至るまでの元素はd軌道が完全に詰まっていないため、さまざまな特徴ある反応性を示す。

■火山プロット[2]

さて、これだけのことを踏まえて、本題であるアンモニ

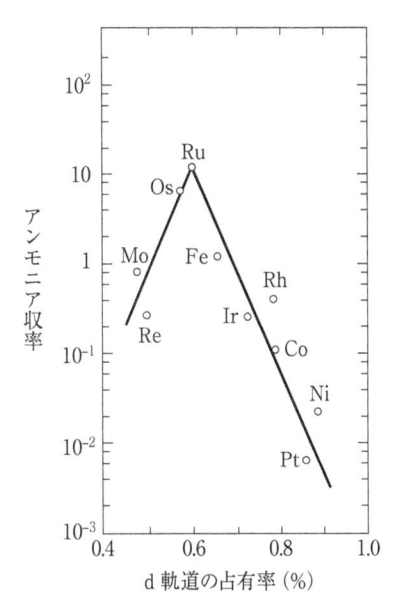

図 3.10 アンモニア合成における火山プロット [2]

ア合成に最適な遷移金属が何かということについて考えよう。図3.10は様々な遷移金属に対して、アンモニア合成に関する触媒としての能力を比較したものである。いろいろな周期にある元素を統一的に比較するために、横軸にはd電子軌道が何％占有されているかをとっている。d軌道が空である（すなわち、周期表で左にある元素）ほど窒素分子との相互作用が強く、窒素分子の解離吸着が容易に起きる。逆にd軌道が埋まっている（すなわち、周期表で右にある元素）ほど解離吸着は起きにくいが、吸着種との相

互作用は比較的弱いので被毒は起きにくい。したがって、反応全体を考えるとこれらの元素の触媒能はd軌道が中途半端に詰まっている元素で最大となる。

このようなプロットで触媒能をつないだ曲線がまるで火山の形をしているように見えるので、これを火山プロットという。これを見ると、確かにハーバーが原理実証実験においてオスミウム（Os）を選び、ボッシュやミッターシュが最終的に鉄を触媒として選んだ理由がよくわかる。鉄はルテニウム（Ru）やオスミウムに比べると触媒能が劣るが、何といっても豊富に身の回りに存在する元素であるため安価であることが実用触媒として選ばれた大きな理由となっている。

第4章 固体表面における分子の動き

前章のアンモニア合成における反応機構のところで議論したように、表面反応はいくつもの素過程から成り立っている。その中の代表的な過程は、まず反応物が表面に吸着する過程、吸着した分子が表面上を拡散する過程、表面での化学結合の組み換えである反応過程、そして、生成物が表面から気相へと離れる脱離過程に大別することができる。そこで、まず最初に吸着と脱離について分子レベルで考えてみよう。

4.1　吸着と脱離

4.1.1　分子レベルで見た吸着過程

　ここから単結晶を用いて、構造がよく規定された表面における分子の動きや反応の進行を分子レベルで見ていくことにしよう。もちろん、これらの運動を場所、時間に応じて克明に観察することが究極の目的ではあるが、実際にはこれはなかなか難しい。そこで、いろいろな実験結果や理論的な解析を通して、これらの運動を推定していくという方法をとる。

■ポテンシャルエネルギー曲面で考えよう

　まず、今まで述べてきた表面での反応の最初の過程である分子の吸着について、より深く考えてみよう。ある分子が表面に吸着されるということは、その分子が吸着されることによりエネルギー的に安定になるということを意味する。つまり、分子が表面から遠く離れて表面の存在を感じ

ないところ（地点 A）に比べて、表面近傍はエネルギーが低い（安定化される）ということである。なぜエネルギーが低くなるのか。

これにはいろいろな理由がある。基本的には分子も表面も負の電荷を持った電子や正の電荷を持った原子核から成り立っているので、これらの異種の電荷の間には引き付けあう力（引力）が、一方、同種の電荷の間には反発する力（斥力）が働き、それらを合わせて全体として表面の近くの方がエネルギーが低いということになる。また、表面原子と分子が化学結合を作るような場合は、分子はより強い力で表面に引き付けられるのでその安定化のエネルギーは大きなものとなる。

表面近くでエネルギーが最も低くなる地点をBとしよう。それでは、この地点Bからさらに分子を表面に近づけるとどうなるだろうか。先程述べたように、地点Bでは表面と分子との間に働く引力と斥力が釣り合っているが、さらに表面に近づけると分子内の電子と表面原子の電子同士が接近するため、これらの間の斥力が著しく大きくなり引力を凌駕する。したがって、全体としてエネルギーは急激に上昇する。この地点をCとする。

そこで、地点AからCまで、分子を少しずつ表面に近づけながら、この分子と表面との距離 d を横軸にとり、各地点でのエネルギーを縦軸にとってプロットしてみると、図4.1のような曲線を得る。これを吸着のポテンシャルエネルギー曲線という。

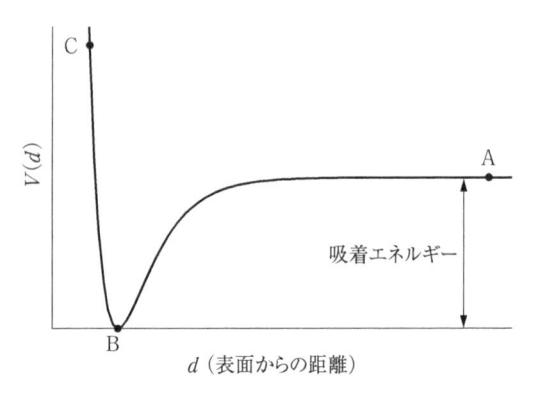

図 4.1　吸着のポテンシャルエネルギー曲線

■ポテンシャルエネルギー曲線上の分子の運動はジェットコースターに似ている

　さて、気相から分子が表面に飛来してくると、分子はこの曲線の勾配に応じた力を感じながら運動をする。それは、たとえてみると遊園地にあるジェットコースターに乗るときに似ている。乗客が分子で、上下したり曲がりくねったりしているジェットコースターの軌道がポテンシャルエネルギー曲線に相当する。ジェットコースターに乗るとまずコースターはゆっくり坂を登っていき、その高度が上がるほど私たちの期待感は高まる。そして、コースの頂上に達してからスリル満点の旅が始まる。私たちが実感として知っているのは、軌道が下っていく場合その傾きが急なほどコースターはより加速され、軌道が登りになりその傾きが大きくなるほどコースターは急速に減速される。

　私たちは地球との間の引力、すなわち万有引力を常に感

じている。したがって、この重力に逆らって高いところに登ると、それだけ引力に逆らって仕事をするためより高いエネルギーを得る。その証拠にそこから飛び降りると地面に向かって加速される。そのときの速度をv、私たちの質量をMとすると、運動エネルギーは$\frac{Mv^2}{2}$である。この運動エネルギーは高いところから飛び降りることによって得たのだから、もともと高い位置にはそこにいるだけでこの運動エネルギーと同じだけのエネルギーが潜在的にあるということになる。この潜在ということを英語ではポテンシャル（potential）という。一見、高いところで止まっているため、私たちはあらわには感じないのだが、高さに応じて潜在的にエネルギーを持っていることになる。そこで、この潜在的なエネルギーを、**ポテンシャルエネルギー**という。ジェットコースターでは、コースの頂上に登りつめることにより大きなポテンシャルエネルギーを蓄え、これを下り坂では運動エネルギーに変換し、上り坂では運動エネルギーをポテンシャルエネルギーに変換する、ということを繰り返す。

　さて、ジェットコースターの例を出したが、これとよく似たことがポテンシャルエネルギー曲線上で運動する分子にも起きる。図4.2に示したように、A地点あたりではポテンシャルエネルギー曲線は平坦であるので分子は加速されることなく、一定の速度で表面に向かって進む。表面近傍まで来るとポテンシャルエネルギー曲線は下り始めるので、分子はしだいに表面に向かって加速される。そして、ポテンシャルエネルギー曲線の底であるB地点までこの

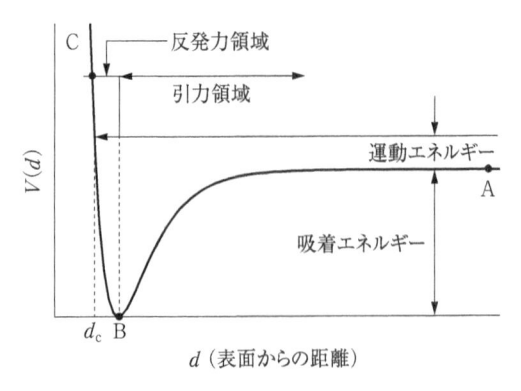

図 4.2 吸着ポテンシャルエネルギー曲線に沿った分子の運動

加速は続くが、これを越えるとポテンシャルエネルギー曲線が急激に上昇するので分子は減速し、ある距離 d_c で一瞬完全に停止する。

しかし、ここで分子は留まることはできない。今度は分子には表面から離れる方向に力（斥力）が働くので、分子は表面から遠ざかる方向に加速される。B 地点で再び最大のスピードに達するが、今度は真空に向かって上り坂になるので再び減速され、その後、無限のかなたに飛んでいってしまう。

ここで述べた分子の表面への衝突過程では、衝突によって分子は表面原子にエネルギーを渡さないと仮定している。この場合は衝突の途中では分子の速度は変化するが、分子が持つ全エネルギー、すなわち、ポテンシャルエネルギーと運動エネルギーの和は一定である。したがって、衝突後に A 地点に戻ってきたときには、最初に比べて分子

第4章　固体表面における分子の動き

の速さは同じ、すなわち運動エネルギーは変化しないが、その速度の向きは表面から真空側に向いているので正反対になっている。

■分子が表面に吸着するためには自己のエネルギーを失わなければならない

表面の近くのB地点でのポテンシャルエネルギーがA地点に比べて低くても、このような衝突過程では、分子は表面に吸着することはできない。吸着するためには、B地点にある窪み、つまりポテンシャルエネルギーの井戸の中に分子が収まらねばならない。このためには、表面との衝突によって、分子はエネルギーを失うことが必要である。

もう一度、先程の表面への衝突過程を振り返ってみよう。ポイントは表面に近づき、ポテンシャル井戸に入って行くところである。B地点を通過してC地点へと駆け登るときに、衝突された表面原子はどうしているだろうか。前記の過程では、表面原子は分子の激突に対してびくともせず、まったく動じない。これでは、衝突する分子はエネルギーを失うことはできない。

それでは、どうしたら分子は表面と衝突することにより、エネルギーを失うのだろうか。これを理解するためには、表面のことをもう少し正確に知らねばならない。先程の衝突過程では表面を、その構造は無視していわば一つの壁のように取り扱ってきた。実際には表面は規則正しく並んだ原子の集団からできており、これらの原子は互いに結合して、結合のネットワークを作っている。結合をバネの

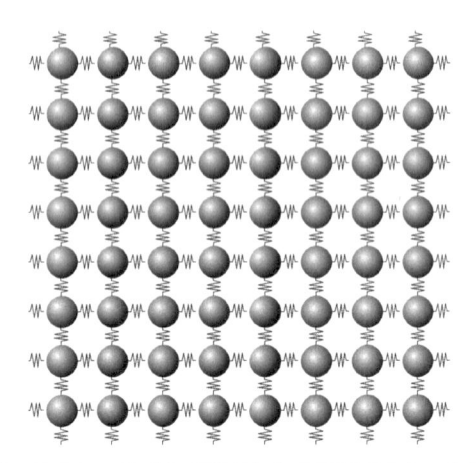

図 4.3 結合というバネで繋がれた表面原子のネットワーク

ように思えば、図4.3に示したように、表面の原子集団は互いにバネで繋がれたネットワークである。もちろん、表面原子の下にはまた次の層の原子集団のネットワークがあり、これが最上層の表面原子のネットワークを同じようなバネで支えている。その下にはまた同様の第三層の原子のネットワークが……というように重層構造をしている。

この原子のネットワークに気相から分子が衝突した場合、実際には表面原子はびくともしないというわけではない。ここで、高校の物理で習った球と球の衝突の実験を思い出してみよう。質量 m_1 を持つ球1が静止 ($v_1=0$) していて、これに質量 m_2 の球2が速度 v_2 で衝突するとする (図4.4 (a))。衝突後、これらの球はどのような運動をするだ

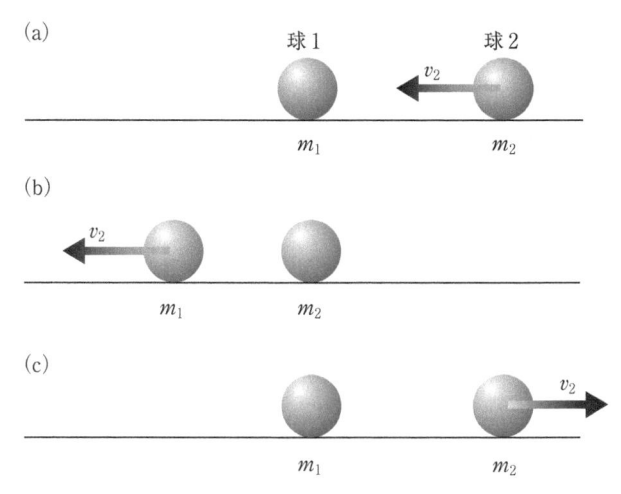

第4章　固体表面における分子の動き

図 4.4　剛体球同士の衝突
(a) 衝突前　(b) 衝突後 ($m_1=m_2$)　(c) 衝突後 ($m_2<m_1=\infty$)

ろうか。ここでは、どちらの球も衝突によってへこんだりしない、いわゆる剛体球であり、球が載っている台と球との間の摩擦もないと仮定する。衝突後のそれぞれの剛体球の速度を v'_1, v'_2 とすると、この仮定のもとでは、2つの保存則、すなわち、エネルギーと運動量が衝突の前後で全体としては変化しないという保存則が成立する。

$$m_2 v_2 = m_1 v'_1 + m_2 v'_2 \tag{4.1}$$

$$\frac{m_2 v_2^2}{2} = \frac{m_1 v'^2_1}{2} + \frac{m_2 v'^2_2}{2} \tag{4.2}$$

$m_1 = m_2$ の場合は簡単で、図4.4（b）に示したように、衝

突により球2は静止し、その代わりに球1が$v_1' = v_2$の速度で走りだす。すなわち、球2は運動エネルギーを完全に失い、球1に全運動エネルギーが移動する。次に、図4.4（c）のような極端な場合、すなわち、球1の質量が無限に大きいとすると、球1は衝突後動くことなく球2が跳ね返されて逆の方向に衝突前と同じ速さで遠ざかることになる。これが先程まで考えていた表面原子集団が一枚岩となって気相分子を跳ね返す場合に相当する。

　すなわち、表面の原子は互いにとても強い力で結びあわされているので、気相から衝突する分子は、自分が衝突する原子1個の質量ではなく、表面原子集団全部の質量を感じてしまう。上述した2つのケースは両極端で、その間の条件では、衝突によって球2が最初に持っていた運動エネルギーを2つの球の間で分けあうことになる。

　表面原子同士の結合も分子内の結合と同じ程度の強さに過ぎないので、気相から分子が衝突すると表面原子も衝突によってその位置を変える。例えばトランポリンを想定してみよう（図4.5）。トランポリンの膜にも網が張ってあり、人がこれを踏みつけるとその部分だけがへこむのではなく、その周りも同時にへこみ、トランポリンの膜には膜内の張力をもとにしたエネルギーが蓄えられる。そして、このエネルギーを発散させ、へこみを解消しようとする上向きの力が人を跳ね上げる。これと同じように、分子がたとえ表面上の1原子と衝突したとしても、その原子のみが固体側にへこむのではなく、その周りの原子もつられてへこみ、このへこみを解消しようとして逆に分子に力を及ぼ

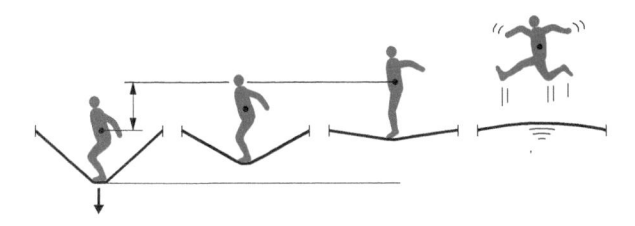

第4章 固体表面における分子の動き

図 4.5 トランポリンにおいて人を跳ね上げる原動力はトランポリンの膜の張力

す。

　もちろん、へこまされた原子団はそれだけ分子の運動エネルギーを受け取る。これを自分たちがもとの位置に戻る際の復元力で分子にすべて返すことができれば、結果的には分子と表面との間のエネルギーのやりとりはなかったことになる。しかし、これは難しい。へこまされた原子団は分子を押し返すと同時に、へこんだ原子団の周りの原子にもエネルギーを分配する。衝突した分子1個に比べて周りにはたいへんたくさんの原子がいるし、またこれらの原子とバネで結びついたネットワークをこしらえているのだから、エネルギーの一部をネットワーク中にある他の原子を動かすことに使ってしまう。したがって、分子に返すエネルギーはもらったものの一部のみで、分子が真空側に飛び去った後でも表面の原子のネットは揺れ続け、この揺れは最終的には物質全体に広がってしまう。

　これを分子側から見ると、分子は表面との衝突によってエネルギーの一部を表面原子の動き、すなわち表面原子の振動運動に渡してしまうことになる。したがって、衝突後

真空側に戻ってきた際には、表面に衝突する前よりも低いエネルギーしか持たないことになる。このような衝突を非弾性衝突という。

このように、分子は表面とC地点での衝突でいくぶんエネルギーを失った後、真空側に加速され、B地点に到達する。この地点を越えるとまた真空側へは登りになるので、速度が低下する。問題は、この時点で分子がこの坂を登り切るだけの余力を残しているかどうかである。表面原子に渡したエネルギーの量が少なく、まだ十分にこの上り坂を乗り越えていける場合は、地球の重力に逆らって宇宙に飛び出すロケットのように、分子は表面からの引力に逆らって真空側に飛び出していける。しかし、多くのエネルギーを表面原子に与えてしまってその余力がない場合、図4.6のように分子はその坂の途中で運動エネルギーを完全に失い、表面からの引力によって再び表面側に引き寄せられる。そして、最初の衝突と同じように二度目の衝突でもいくぶんかのエネルギーを表面原子に渡すので、ますます分子の運動エネルギーは減少する。このように、ポテンシャルエネルギー曲線の井戸の中にとりこまれた分子は、表面との衝突を繰り返しながら徐々に運動エネルギーを失い、最終的には井戸の最も深いB地点に留まる。これが、分子の吸着過程である。

ここまでは、分子が垂直に表面に入射する場合を考えたが、斜めから衝突する場合も同様に考えられる。この場合は分子の速度を表面と垂直、表面と平行方向の2つの速度成分に分けて考えればよい。そして、表面と衝突する際、

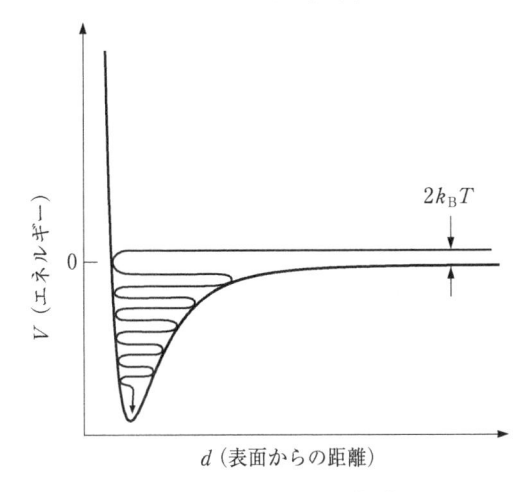

図 4.6　表面との非弾性衝突により吸着ポテンシャルエネルギー曲線の井戸の中に分子がとりこまれてしまう模式図

図 4.7　表面に斜めの角度で衝突した分子の吸着過程

表面と平行な速度成分はほとんど変化せず、垂直成分のみが前記と同様に減速すると仮定しよう。そうすると、分子

は図4.7のように表面上をとび跳ねながら徐々に静止する。これは、平たい小石を水面にすれすれに投げ込むと、石は何度か水面を跳ねながら飛んでいくのに似ている。

4.1.2 吸着時における表面での移動距離

さて、前節で分子が斜めに表面と衝突したとき、水面を跳んでいく石のような運動をするといったが、最初に衝突した位置からどれくらい離れた場所まで移動して分子は吸着されるのだろうか。もちろん、これは衝突する際の分子のエネルギーと衝突する角度による。当然、エネルギーが高い程、また、表面と平行に近いすれすれの角度で入る程、分子はより遠くまで跳んで吸着するだろう。ここでは、その様子をどうしたら確かめることができるかについて考えてみよう。

図4.7で示したような衝突における分子の運動やその軌跡を直接実験で「観る」ことはたいへん難しい。しかし、分子が吸着した後の表面を観察するだけでも、工夫しだいで分子の吸着過程での動きの痕跡を知ることはできる。

そこでまず予備的な知識として、表面に吸着している分子をどのようにして検出するのか、また分子が表面のどこに吸着しているのか、という問題を考えてみよう。これの1つの解決法は、分子が持っている固有な運動である振動運動に着目することである。

■分子の振動に着目する

気相にいる分子は図4.8に示したように、ある方向に飛

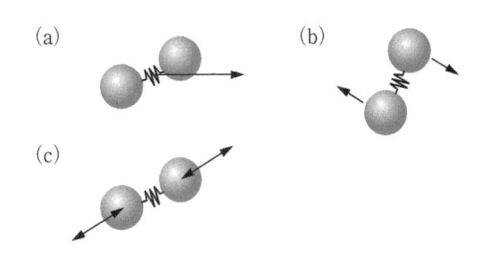

第4章 固体表面における分子の動き

図4.8 分子の運動
(a) 並進　(b) 回転　(c) 振動

んだり（並進運動）、くるくると回ったり（回転運動）しており、同時に分子を構成している原子は互いの距離を伸ばしたり縮めたりする運動、すなわち振動運動もしている。そして振動の1周期、あるいは1秒間に何回振動するかという数（周波数）が分子の種類によって異なっている。そして、振動の周波数とその振動に関わる原子間の結合の強さには、密接な関係がある。前節で分子が吸着するためには、並進エネルギーを表面を構成している原子団の振動に移すことにより失わねばならないということを述べた。この固体を構成する原子集団の振動もここでいう分子内の振動と同様なものである。違いは表面は無数の原子の集合から成り立っているので、振動運動にはこれらの多くの原子団が関わっているが、分子ではせいぜい分子を構成する少数の原子のみが関わる点である。

水素分子などの2つの原子からなる分子を考えてみよう。図4.9は二原子分子のポテンシャルエネルギー曲線を描いたものである。図4.1、4.2との違いはここでは横軸に

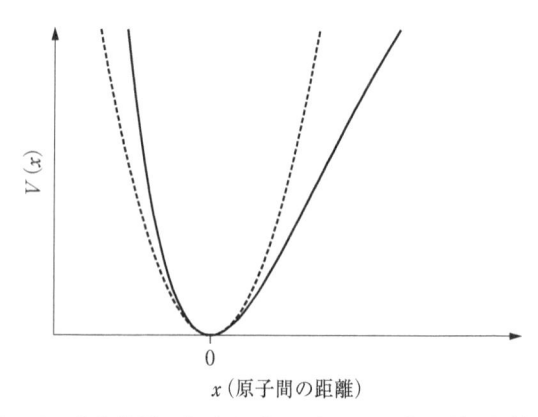

図 4.9 水素分子におけるポテンシャルエネルギー曲線（実線）の低エネルギー部分を放物線状のポテンシャルエネルギー曲線（破線）で近似する

原子間の距離をとっている点である。低温では分子はポテンシャルエネルギーの井戸の最も低いエネルギーを与える原子間の距離、すなわち、結合距離を保っている。この原子間の距離を広げたり縮めたりすると、ポテンシャルエネルギーは増加する。

これは、バネで繋がれた2つの球の問題と類似している。摩擦などがない状況で片方の球を固定しておき、もう片方を静止している位置から少し離してみよう。当然このためには力を入れる必要がある。そして、この引き伸ばした位置で手を離すと、バネは縮もうとして球は元いた静止位置に向かって動きはじめる。この際に球がバネによって引き寄せられる力を復元力といい、これは静止位置からのずれ、xに比例する。この比例定数をバネ定数といい、k

第4章　固体表面における分子の動き

で表す。復元力はその方向まで含めると

$$F = -kx \tag{4.3}$$

と書くことができる。

　このことから、球を静止位置から x まで引き離すのには、この復元力に逆らって仕事をしなければならないことがわかる。先程、水素原子間の結合距離を長くするためには力が必要といったのは、この復元力に逆らうためのものである。仕事の量というのは力に移動した距離を掛けたものだが、この場合力は球の位置によって変化するので、x を 0 から x まで移動させるのに必要な仕事の全量 W は

$$W = \int_0^x (kx)\,dx \tag{4.4}$$

と積分してやればよい。この定積分を計算すると

$$W = \frac{1}{2}kx^2 \tag{4.5}$$

となる。

　これだけの仕事を外から与えたのだから、この球にはそれに見合うだけのエネルギー、すなわちポテンシャルエネルギーが蓄えられることになる。式（4.5）から、ポテンシャルエネルギーが x に関して放物線状の形になっていることがわかる。したがって、図4.9に示したように実際の二原子分子のポテンシャルエネルギー曲線をこの放物線で近似したのが、化学結合を原子核という球を理想的なバネで繋ぎ合わせた、いわゆる**調和振動子**とよばれるモデルで

ある。

　もちろん、これは近似的なものである。両方のポテンシャルエネルギー曲線を比べると、エネルギーの最低値近傍では比較的よく一致しているが、エネルギーが高くなる程その相違は深刻となる。しかし、このような近似は数学的に取り扱うのが簡単で、温度の低い、すなわち分子が持っている振動のエネルギーが十分小さい場合にはよい近似となっている。

　そこで、もう一度バネで繋がれた2つの球に戻って考えよう。この球の1つを持って上下に一度振ってみると、手で支えられていないもう1つの球は図4.10に示したようにある周期で振動を始めるだろう。振動の周波数（ν）は振動している球の質量をmとすると

$$\nu = \frac{1}{2\pi}\sqrt{\frac{k}{m}} \quad (4.6)$$

となる。したがって、バネ定数kが大きい、すなわち、バネが固いほど、また、質量が軽いほど、振動の周期は短く、したがってその振動周波数は大きい。

　同じことが分子の振動でもいえる。一般に、分子内の結合の強さが強いほど、また原子の質量が軽いほど振動周波数は高くなる。分子内の結合の強さも、分子を構成する原子の質量も分子固有のものなので、その振動周波数も分子によって決まっている。したがって、分子振動の周波数に着目することにより分子を識別することができる。

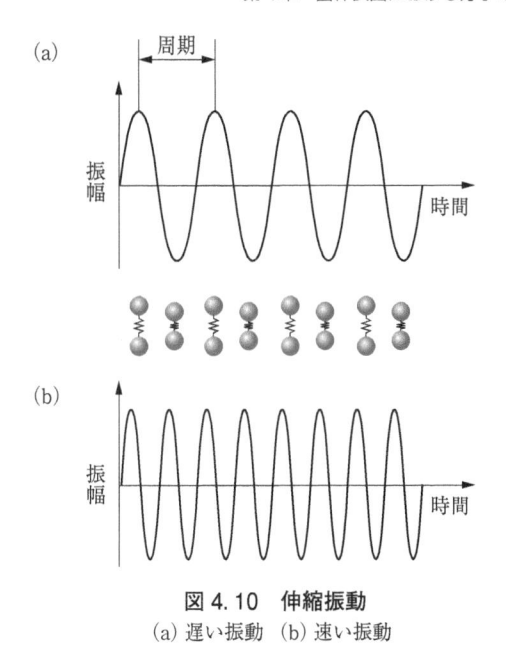

図 4.10 伸縮振動
(a) 遅い振動 (b) 速い振動

■一酸化炭素とは

ここからは、一酸化炭素（CO）の白金表面への吸着の問題を考えよう。

一酸化炭素は炭素と酸素からなる二原子分子で、ガス中毒の原因となるたいへん危険な分子である。また、炭素や水素からなる物質（炭化水素）を燃やすとき、完全に燃焼すると二酸化炭素（CO_2）と水（H_2O）ができるが、燃焼が不完全な場合には一酸化炭素が発生する。自動車などのガソリンの燃焼時にも一酸化炭素は発生するので、これを完全に CO_2 まで酸化してしまう必要がある。また、CO は

水素と反応させて長鎖の炭化水素（液体燃料）を作る原料として重要な物質でもある。

$$(2n+1)H_2 + nCO \rightarrow C_nH_{2n+2} + nH_2O \qquad (4.7)$$

この触媒反応もハーバーが研究を行っていたカイザー・ヴィルヘルム研究所で、フランツ・フィッシャー（Franz Fischer）とハンス・トロプシュ（Hans Tropsch）によって1920年代に開発されている。この場合、COは例えば天然ガスの主成分であるメタン（CH_4）と水から

$$CH_4 + H_2O \rightarrow CO + 3H_2 \qquad (4.8)$$

の反応で生成される。これを水蒸気メタン改質法という。この反応にもまた触媒が必要である。

■分子は振動することにより赤外光を吸収したり放出したりできる

一酸化炭素分子は、炭素と酸素の間の結合を伸ばしたり縮めたりする伸縮振動という運動を行っており、1秒間に6.5×10^{13}回伸び縮みする。振動の周波数を単に振動数ということもある。

光速をc（真空中では3×10^8 m/s）とすると光の振動数（ν）と波長（λ）は

$$c = \nu \lambda \qquad (4.9)$$

の関係があるので、COの伸縮振動と同じ振動数を持つ光の波長は、4.67 μm となる。これは、赤外光で人間の目に

は見えない。

この波長の赤外光を CO に照射すると、この分子はその光を吸収することができる。4.67 μm という波長、もっと正確にいうと振動数が $\nu = 6.43 \times 10^{13}$ ヘルツ（Hz）にぴったり同じ光を CO は吸収することができる。これよりも振動数が高くても低くても、CO は光を吸収することはない（図4.11）。これは、ある一定の振動数の音を出すと、同じ

赤外光
$\lambda = 4.6\,\mu$m

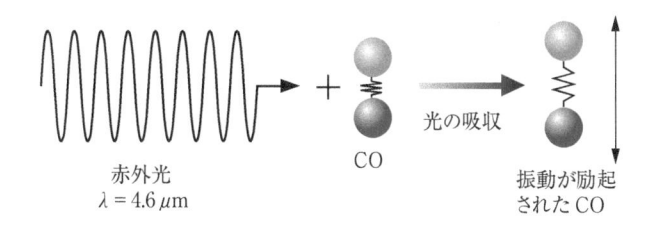

CO

光の吸収

振動が励起
されたCO

図4.11　CO 分子は伸縮振動の周波数と同じ周波数をもつ赤外光を吸収する結果、伸縮振動はより激しいものとなる

振動数の音叉のみが振動する現象によく似ている。これを共鳴現象という。すなわち、同じ振動数を持つ物質と音波、分子の振動と光との間には、共鳴により両者の間でエネルギーの授受が行われる。

この共鳴現象により光を吸収した CO 分子は、C-O 間の結合の伸び縮みの幅がより大きな状態になる。このような過程を CO の伸縮振動が光によって**励起**されたという。逆に、この共鳴現象を利用すると、特定の周波数（この場合

は $\nu = 6.43 \times 10^{13}$ Hz)の光が吸収されれば、そこに一酸化炭素が存在することがわかる。すなわちこの分子を検出することができる。

分子の振動の振動数というのは、式(4.6)にあるように、分子の結合の強さ(バネ定数の大きさ)に応じて異なるので、どのような分子振動がどのような周波数の赤外光を吸収するかを知っていると、この情報から分子の中にどのような結合があるかを知ることもできる。

吸収される赤外光の波長の逆数を $\tilde{\nu}$ として先程の式(4.9)を変形すると $\tilde{\nu} = \dfrac{1}{\lambda} = \dfrac{\nu}{c}$ となるので、この量は振動数に比例する量となる。そこで、この波長の逆数を波数といい、単位は習慣として cm^{-1} を用いて表す。すなわち、1 cm あたりに波が何個あるかということを意味している。気相中の一酸化炭素の伸縮振動により吸収される光の周波数をこの波数の単位で表すと、2143 cm^{-1} という値になる。

■分子は吸着すると振動の波数が変化する

さて、一酸化炭素が白金の表面に吸着されると、この伸縮振動の波数はどうなるだろうか。前述したように、分子の吸着は表面原子と引き付けあう力の結果起きる。CO 分子の吸着の場合の引力は、CO 分子と表面の白金原子との間の化学結合に起因している。

そこで、分子が表面と新たに結合を作るとき分子自身がどのように変化するかを考えてみよう。当然、表面と結合を作るのだから、これによってまったく何の影響も受け

ず、気相中に孤立している状態のままであるはずがない。何らかの変化が生じるはずである。分子が他のもの（この場合は表面原子）と結合を作るには、何かを犠牲にしなければならない。何を犠牲にするか。

それは、分子内の結合を弱くすることにより成就される。つまり、あれもこれもというわけにはいかない。すなわち、COは白金と結合を作るかわりに自分の中の結合、つまり、分子内のC-O結合を弱くするという犠牲を払うのである。

分子内の結合の強さが弱くなるということは、その結合のバネの強さが弱くなるため振動数が減少（波数も減少）するということを意味する。実際、白金表面に吸着した一酸化炭素の伸縮振動により吸収される光の波数は $2090\ cm^{-1}$ まで低下する。これは気相中に孤立しているCOの波数 $2143\ cm^{-1}$ に比べて約 $50\ cm^{-1}$ ほど低い。

■階段のある表面に吸着するCO分子[3]

金属の単結晶を切り出して表面を作る際、その切り出す角度によって様々な原子配列を持った表面ができる。その中でも図3.3に示したように、(111)面は表面の原子が蜂の巣状に規則正しく並んだ構造をしている。そこで、この(111)面の切り出しの角度をほんの少しだけ変えると、どうなるだろうか。少し斜めの角度で結晶を切るといっても1つの原子を斜めに分割することはできないので、図4.12に示したような階段状の表面が現れる。このようにして切り出した表面を微斜面という。階段状なので、平らな部分

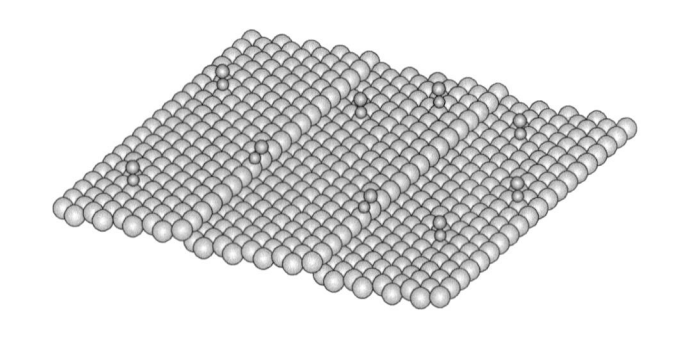

図 4.12　白金（997）面
原子 8 個分の長さのテラスと一原子高さのステップから階段状の表面ができている

をテラス、テラスとテラスの間で高さを変える部分をステップという。ここで示した Pt(997) という微斜面は原子 8 個分の長さのテラスが階段状にできており、テラスの表面原子の配列はやはり（111）面と同じ蜂の巣状である。

　ここからは、このような微斜面を使って先に提示した問題、すなわち CO 分子が吸着する過程で分子が最初に表面に衝突した場所、つまり着地した場所からどれくらい離れて静止するか、つまり、吸着が完了するまでの移動距離を考えてみよう[3]。陸上競技の走り幅跳びでは、踏み切り線から着地した地点までをメジャーで測るように、分子がランディングしてから静止するまでの距離を何かのメジャーで測りたい。しかし、このようなミクロな世界にメジャ

ーを持ち込むわけにもいかない。

そこで、工夫が必要になる。図4.12をよく見てみよう。この微斜面に自然にできた階段の構造が物差しのように見えないだろうか。すなわち、少なくとも階段に沿って見ると原子8個分を最小目盛りとした物差しのように印がつけられているのに気付くだろう。

ただし、まだこの物差しをどのようにして使えば、目的である分子の移動距離を測ることができるかはわからない。その使い方をこれから順に説明しよう。

■ ステップ対テラス

図4.12に示したように、COはこのような微斜面のテラスにもステップにも吸着することができる。ただし、ステップの方がテラスに比べて35 kJ/molほど吸着エネルギーが大きい、すなわち、より強い吸着サイトとなる。表面の原子が固体の中の原子に比べて反応性が高いのは、固体中においてもともと結合していた原子のいくつかを失った結果だということを思い出そう。ここでも同様のことがいえる。すなわち、テラスにいる原子とステップにいる原子がそれぞれその周りに何個の原子と隣り合っているかを考えれば、この吸着サイトとしての違いを理解することができる。

簡単のため、表面原子が含まれる表面第一層だけを考えても、テラスにいる原子の周りには6個の原子が隣接しているのに対して、ステップにいる原子の周りにはその半分の3個の原子しかないことに気づく。つまり、ステップ

にいる原子はテラスにいる原子に比べて周りにいる原子の数が3個少ないので、より結合の手が余った状態にある。したがって、より強くCO分子を吸着させることができると考えられる。表面により強く吸着すると、先程述べたようにその代償を分子は払わねばならない。すなわち、表面と分子との間に強い結合ができる代わりに、分子内のC-O結合はより弱くなる。

実際にこの微斜面に吸着したCO分子がどのような波数の光を吸収するかを観測すると、テラスに吸着したCOは2090 cm^{-1}、ステップに吸着したCOは2067 cm^{-1}の波数を示すことがわかった。このように微斜面を使うと、テラスに吸着したCOとステップに吸着したCOを区別することができる。ただし、テラスに吸着したCOがいることがわかっても、テラスの中のどこにいるかまではわからないことに注意しよう。

■微斜面への吸着実験[3]

そこで、この微斜面にCOを吸着させてみよう。この微斜面におけるテラスは8原子幅を持っているので、ステップとの原子数の比は8:1である。この表面を -262℃という低温に保ち、COを吸着させる。表面をこれ程の低温に保つのには次のようなわけがある。

図4.3に示したように、表面では無数の原子集団が互いに繋がったネットワークを作っている。そして、この原子はある温度のもとで互いに振動している。それぞれの原子の中心を線で繋いでみると規則正しい格子ができる。した

第4章 固体表面における分子の動き

がって、原子同士の振動はまるでこの格子が揺れているように見えるので、このような振動を**格子振動**という。もし表面の温度が高いと格子振動の振幅が大きく、分子がいったん最も安定な吸着状態に落ちこんだ後でも、格子振動により表面原子から吸着分子は突き上げられ、最安定な位置から飛び出し、隣の最安定な位置に移動してしまう。したがって、表面の温度が高いと最初にランディングして表面のどこかで吸着して静止したはずの場所の情報が失われてしまう。

気相中にあるCOはもちろん表面のある特定の場所にのみ衝突するのではなく、衝突の場所はランダムである。したがって、衝突の場所が完全にランダムで、かつ最初に衝突した場所にそのまま吸着してしまうのであれば、テラスとステップに吸着した分子数を数えればやはりその比は8:1になるだろう。しかし、もし分子が最初に衝突した場所で静止しきれず、図4.7のように表面に沿って表面上を跳ねながら、もともと気相中で分子が持っていた運動エネルギーを使い切ったところでやっと止まるのであればどうだろうか。先程述べたように、ステップに吸着する方がテラスに吸着するよりも 35 kJ/mol も安定なので、最初にテラスに衝突して表面上を移動したとしても、移動する過程でステップを横切る際に分子はステップに捕捉されて動かなくなる可能性が高い。つまり、この微斜面は8原子ごとに規則正しく並んだCOのトラップがあると考えられる。

そこで実際に実験をしてみると、テラスとステップに吸着している分子数の比は3.6:1となっていることがわか

った。テラスとステップの原子数比である8：1よりずいぶん小さい。ということは、やはりテラスに衝突した分子は一度の衝突ですべてのエネルギーを失ってそこに吸着するのではなく、ある程度表面上をホップして一部はステップでトラップされていることを意味している。

■ビュフォンの針

それでは、分子は平均してどれくらい表面上を移動しているのだろうか。前述したように、表面のランダムな場所に衝突した分子が表面上をホップしながら移動しステップに到達したら必ずそこで捕捉されてしまう、というモデルをたてると、ステップに吸着する確率が

$$P = \frac{2l}{L\pi} \quad (4.10)$$

となる。ここで、l は分子が最初のランディングから静止するまでの平均移動距離、L はテラスの幅である。

この吸着確率を示す式はどうしたら得られるだろうか。実は、この問題は18世紀の博物学者のビュフォン伯爵（Georges-Louis Leclerc Comte de Buffon）の提起した問題と関係がある。すなわち、図4.13にあるように床に間隔 L で多数の平行線を引き、上から長さ l の針を落とすとき、針が床に引いた線の上に落ちる確率はいくらになるか、という「ビュフォンの針」という数学的な問題である。

この針の長さを分子がランディングした場所から吸着す

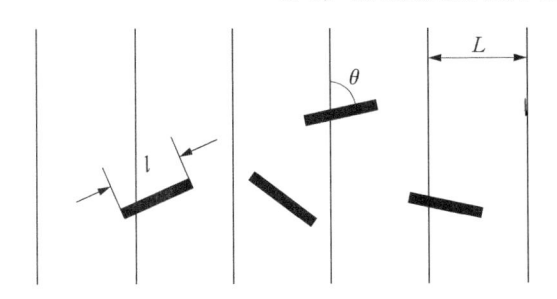

図 4.13 ビュフォンの問題
床に間隔Lの平行線を引き、これに上から長さlの針を落とすとどれくらいの確率で針は平行線と交差するか

るまでの距離と考え、床に引いた平行線の間隔をテラスの幅と置きなおしてみよう。そうすると、両者は数学的に同じ構造を持つ問題であることがわかるだろう。

少し難しいがこの問題でどうして式（4.10）が得られるかを考えてみよう。針の中心から針に近い方の平行線までの距離をx、針と平行線がなす角をθとする。針が平行線と交差するためには、まず、$0 \leq x \leq \frac{L}{2}$ でなくてはならず、また、$0 \leq \theta \leq \frac{\pi}{2}$ でなくてはならない。それぞれの条件を満たす確率（正確には確率密度）は、$\frac{2}{L}dx$、$\frac{2}{\pi}d\theta$ なので、この両方を満たす場合の確率は $\frac{4}{L\pi}dxd\theta$ である。そして、針と平行線が交差するためには$x \leq \frac{l}{2}\sin\theta$ でなくてはならないので、$L \geq l$ の場合の確率Pは、

$$P = \int_0^{\frac{\pi}{2}} \int_0^{\frac{l}{2}\sin\theta} \frac{4}{L\pi} dxd\theta = \frac{2l}{L\pi}$$

となり、式（4.10）を得る。

そこで、観測結果であるテラスとステップに吸着しているCO分子数の比、3.6：1を使うとステップに吸着する確率は

$$P = \frac{1}{3.6 + 1} = 0.217$$

となる。したがって、式（4.10）にテラス幅の値 $L = 20\,\text{Å}$ を代入すると

$$\frac{2l}{L\pi} = 0.217$$

から、$l = 6.8\,\text{Å}$ が得られる。すなわち、分子は最初に表面と衝突してから、平均して約 $7\,\text{Å}$ 表面上を移動して静止するということがわかる。

4.1.3 銅表面での水素分子の解離吸着
■解離吸着：さらに深いポテンシャルエネルギーの井戸

ここまでは、分子が表面に吸着しても分子のまま、すなわち分子内の結合を切ることなく表面に吸着する場合について考えてみた。これは、吸着エネルギーがあまり大きくない場合である。吸着エネルギーがより大きくなっていくと、前述したように、分子内の結合はどんどん弱くなっていく。そして、ついには分子内の結合が完全に切れて、分子はもともとこれを構成していた原子、あるいは分子のかたわれ（分子片）に分かれてばらばらに表面上に吸着することになる。すなわち、解離吸着である。ハーバー－ボッ

シュ法における律速段階は、窒素分子の解離吸着だったことを思い出そう。

それでは、解離吸着する場合の分子の動きを考えてみよう。分子が気相から表面に飛来してきて、まず表面と衝突し、気相側に跳ね返されるが、また表面に引きつけられて表面と衝突する。この多重回の衝突の過程で、分子がもともと持っていたエネルギーを失うところは分子状に吸着する前節と同じである。

異なるのは、分子は分子として吸着するポテンシャルエネルギーの井戸の中で落ち着こうとするが、解離吸着の場合、分子はさらに深いポテンシャルエネルギーの井戸があるのを発見することである。すなわち、分子自身の分子内結合を切って、原子（あるいは分子片）として吸着する方が、よりエネルギーの低い状態に行けるパスを見つけるのである。原子の吸着エネルギーは分子の吸着エネルギーに比べてたいへん大きいのが通例なので、いったんこの井戸に入ってしまうと、もう抜け出すのは難しい。

■解離吸着へのエネルギー障壁

具体例として、金属表面での水素分子の解離吸着について考えよう。白金表面では水素分子は簡単に解離吸着するが、銅の表面ではそうはいかない。どうしてこのような差ができるのだろうか。

分子として吸着するポテンシャルエネルギー曲線の井戸から解離吸着する別の井戸に行くところ、すなわち、分子状吸着の井戸と解離吸着の井戸との間にポテンシャルの壁

がある。そして、この障壁の高さは分子と表面との組み合わせによって異なる。つまり、水素分子の解離吸着では、白金の場合、その障壁の高さがたいへん小さいのに対して、銅の場合はこれがたいへん大きい。したがって、銅表面に水素分子を解離吸着させるためには、この障壁を乗り越えるだけの大きなエネルギーが必要である。

　水素分子が銅表面上で解離吸着するとき、水素原子は図4.14（b）にあるように銅原子の真上に吸着するとしよう。

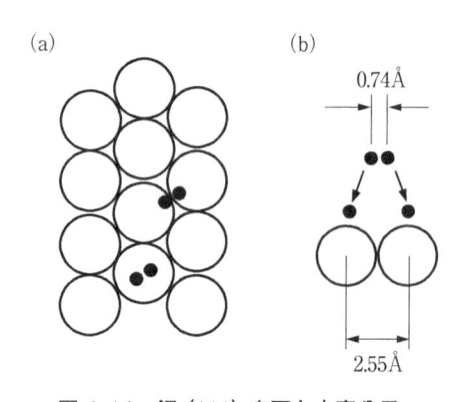

図 4.14　銅（111）表面と水素分子
大きい白丸が銅原子、小さな黒丸が水素原子。銅（111）表面を(a) 上からみた図　(b) 横からみた図

そこで、まず、水素分子における2つの水素原子間の距離と隣り合う銅原子間の距離を比べてみよう。気相にある水素の結合距離 0.74Å に対して、銅原子間の距離は 2.55Å とたいへん長い。すなわち、吸着前と吸着後では水素間の

結合を3.4倍に引き伸ばす必要がある。したがって、解離吸着する際のポテンシャルエネルギー曲面における障壁とは、この結合を伸ばすことに由来しているのではないかと想像できる。このあたりを詳しく検討してみよう。

■気相にある水素分子のポテンシャルエネルギー曲線

まず、気相にある水素分子が気相中で解離する反応

$$H_2(g) \rightarrow 2H(g) \tag{4.11}$$

を考えてみよう。図4.15に水素原子間の距離に対して水素分子のエネルギーがどのように変化するかを示す。水素分子は低温では最もエネルギーの低い状態、すなわち、この曲線の底に相当する原子間距離を持つ。しかし、何らかの

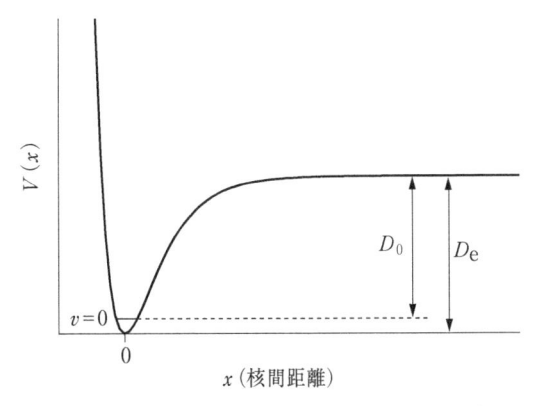

図 4.15 水素分子におけるポテンシャルエネルギー曲線
横軸は水素原子間の距離、縦軸はエネルギー

エネルギーを与えて、水素原子間の距離を広げていくと、当然どんどんエネルギーの高い状態になる。そして、あるエネルギー以上になると水素分子は原子間の結合を維持することができなくなり、2つの水素原子は無限に離れてしまう。すなわち、解離する。図の曲線の底から無限遠に水素原子が離れる状態のエネルギーの差（D_0）が水素分子の解離エネルギーである。そして、原子間距離に対して水素分子のエネルギーを縦軸にとった曲線が、水素分子のポテンシャルエネルギー曲線である。

水素分子に限らず、どのような分子における化学結合においても結合エネルギーは無限に大きいことはなく、有限である。水素分子の場合は 436 kJ/mol、窒素分子は 942 kJ/mol である。これからも窒素分子が水素分子などに比べて強固な結合を有していることがわかる。

■2次元のポテンシャルエネルギー曲面で考えよう

そこで、分子状の吸着の場合には分子と表面との間のポテンシャルエネルギー曲線を考えたが、解離吸着の問題を考えるには、これだけでは不十分で、もう1つの軸、すなわち水素原子間の距離に対してどのようにポテンシャルエネルギー曲線が変化するかについて考えねばならない。今まではポテンシャルエネルギーは1つの軸、例えば、分子状吸着の際には分子と表面との距離、分子内の結合に関しては分子を構成する原子間の距離に対してポテンシャルエネルギーを縦軸にとればよかった。しかし、解離吸着の場合には、少なくともこの両方を同時に考えねばならない。

少なくとも、といった理由は、実はポテンシャルエネルギーはこの2つの変数以外の変数によっても変化するからである。すなわち、水素分子が表面に対してどのように傾いて気相から接近するかといった分子の配向に関する変数も考えねばならないので、本当は2次元どころか、さらに複雑な多次元空間でのポテンシャルエネルギー面を考えねばならない。これではたいへん複雑すぎるので、ここでは上記の2つの変数にのみ着目しよう。

　横軸に水素原子間の距離、縦軸に水素分子の重心と表面との距離をとり、ポテンシャルエネルギー曲面を2次元表示してみたのが図4.16(a)である。これは、等高線で表した地形図に似ている。A地点は、分子が表面から十分遠くに離れた位置にある分子の状態を示している。これに対して、B地点は水素原子間の距離がたいへん伸びているが、それぞれの原子は表面からの距離がたいへん小さいので、水素分子が解離吸着して原子状で表面に吸着していることを示している。したがって、A地点から始めてB地点まで行くルートが、水素分子の解離吸着過程ということになる。

　この地形でAからB地点までをできるだけエネルギーを使わずに移動するには、破線で示したように谷の底に沿って移動すればよいことがわかるだろう。この破線の道を辿ることにより水素分子の解離吸着が進行するので、この道筋を**反応経路**、または**反応座標**という。この反応経路に沿ってポテンシャルエネルギー曲面の断面を描くと図4.16(b)のように道はA地点からしばらく行くと登り坂にな

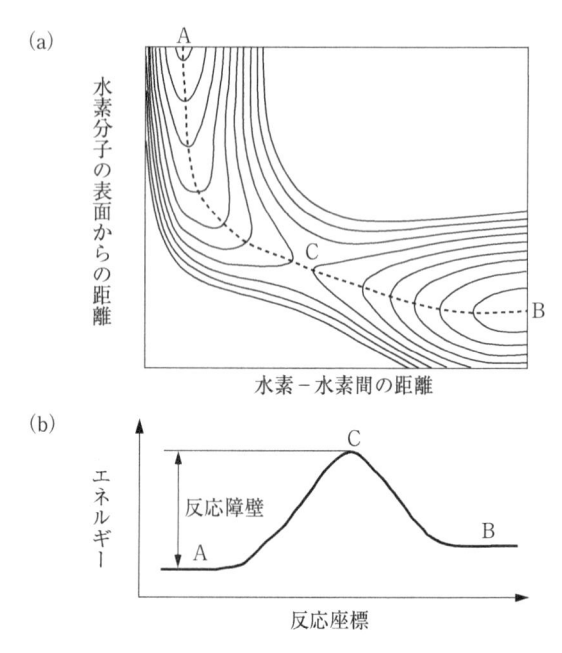

図 4.16 (a) 水素分子の銅 (111) 表面への解離吸着における 2 次元ポテンシャルエネルギー曲面　(b) 反応座標に沿ったエネルギー

破線で示した曲線はこの曲面の最もエネルギーの低いところを継いだもの。これが反応座標となる。A 地点では分子が表面から遠く、B 地点では水素分子が解離吸着している

り、峠 C を越えて B 地点のある谷に入っていく。A 地点から見たこの峠の高さが、まさに解離吸着の反応障壁である。

第4章　固体表面における分子の動き

■峠をうまく越えるには

　それでは、A地点からB地点にたどり着くにはどういうルートが最も効果的だろうか。まず考えられるのはA地点から破線に沿って進む最も単純なルートである。これは先程の定義によればポテンシャルエネルギー曲面の谷底を進む道なので、一見最もエネルギーを使わずに行けるように思ってしまう。しかし、この道に沿ってA地点から走り出すと実はうまくいかない。つまり、図4.17(a)に示したように、このルートでは途中で破線のルートからはずれ谷の曲がり角でうまく曲がることができず、相対する坂に乗り上げ、元の谷に戻ってくるはめとなる。おまけに戻ってくる際のコースは谷の底に沿ったものではなく、大きく蛇行したものとなる。

　さて、A地点方向に戻ってきたこの軌跡の蛇行運動は何を意味しているだろうか。蛇行運動は水素 - 水素原子間の距離が伸び縮みしていることを表すから、これは水素分子が反応障壁により跳ね返されて表面から離れていく過程で、水素分子のH-H伸縮振動運動が激しくなっていることを意味している。すなわち、最初表面に近づく過程では谷底を真っ直ぐに進むので、水素分子はほとんど振動していないが、表面に衝突して跳ね返って真空側に戻ってくるときは大きく振動が励起されていることになる。つまり、表面の壁にあたった時に水素分子は表面原子によって引き伸ばされるのだが、結合が切れるところまではいかずに壁にはね返されるので、真空側に振動運動をしながら戻ってくる。

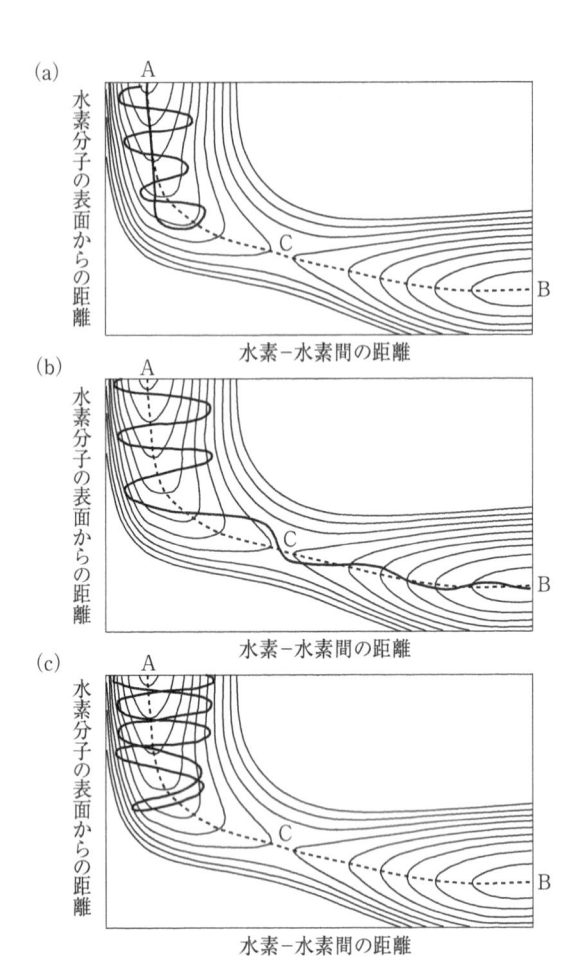

図 4.17 (a) 水素分子の谷の谷底を駆け上がるルート (b) 水素分子の谷を蛇行しながら駆け上がるルート (c) 同様に谷を蛇行しながら駆け上がるが壁に最近接した際に水素原子間の距離が最小となっているため峠を越えられないルート

それでは、最初から水素分子が振動しながら表面に衝突する図4.17（b）のルートを考えてみよう。このルートでは、その振動の仕方をうまく調節してやると、表面に衝突する際に谷の曲がり角をうまく迂回して峠Cを越え、解離吸着の谷に入っていくことができる。すなわち、このルートなら水素分子は解離吸着することが容易となる。これは、図4.14に示したように、解離吸着後の水素原子間の距離が真空中の水素分子の原子間距離よりもたいへん長いので振動運動によってちょうど2つの原子間の距離が伸びきったときに表面に衝突するのが解離吸着には好都合ということを意味している。

ちなみに、図4.17（c）のルートのように、同様に水素分子が振動していても谷の曲がり角をうまく回れなくて、解離吸着の谷に入ることができない場合もある。これは、水素分子が振動しながら表面に衝突するのだが、表面と衝突する際に水素原子間距離がむしろ縮んで、さらに銅原子間の間隔より短い状態になっているので、このような場合は解離吸着が有効に起こらない。したがって、水素分子の振動の位相がうまく表面との衝突のタイミングにあっていないといけないことがわかる。

4.1.4　水素の脱離

それでは、解離吸着の逆の過程、すなわち表面の水素原子が銅原子との結合を切断して2つの水素原子が互いに結合し、水素分子として真空へと脱離する過程を考えよう。すなわち、先程のポテンシャルエネルギー曲面（図4.16）

でいうと、B地点からA地点に向かう場合である。

■エネルギーの行き先

ここでの疑問は次のようなものである。
「2つの水素原子が表面上で結合する際にエネルギーが放出されるが、このエネルギーはどこにいくのだろうか」

つまり、表面に吸着している2つの水素原子が熱エネルギーを得て、峠であるC地点に到達したとしよう。ここから水素分子として真空側に脱離する経路（A地点に向かう経路）はもう下り坂である。この下り坂で得るエネルギーはどのように使われるのだろうか。

このエネルギーの行き先としては、生成された水素分子自身と銅の基板とに分けて考えることができる。C地点では、分子と表面の銅原子との間には反発力が働くから、これらは互いに離れようとする。しかし、銅基板自体の質量は水素1分子に比べてもちろん圧倒的に大きいのでもっぱら水素分子がそのエネルギーをもらっていくことになる。

ただし、そのエネルギーがすべて水素分子が表面から離れていく速度を加速するため、言い換えると、水素の並進運動だけに使われるわけではない。これは、解離吸着のところで説明したことを思い出せばよい。すなわち、解離吸着に至った図4.17（b）に示したルートを逆方向にたどればよい。当然、峠を越え、水素分子が形成される谷に入ったところで軌跡は蛇行運動をしながら表面から遠ざかるので、エネルギーは水素分子の並進と振動のエネルギーに分配されることがわかる。

第4章　固体表面における分子の動き

　それでは、水素分子が分子全体として回転する回転運動はどうだろうか。峠Cからの下り坂では回転運動にもエネルギーが分配されるのだろうか。表面の近くでの水素分子の回転運動としては、図4.18のように分子の回転軸を表

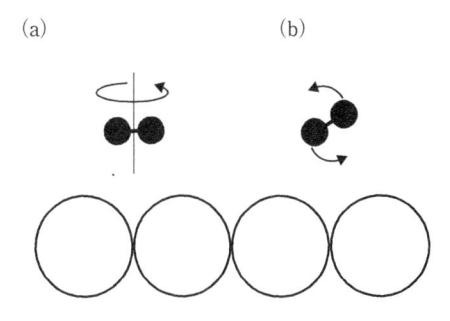

(a)　　　　　　　　(b)

図4.18　水素分子の脱離時の分子回転運動
(a) ヘリコプター型　(b) 車輪型

面法線方向と平行にした状態で回転するヘリコプターの翼のような回転と、回転軸を表面と平行にしたいわば車輪が表面を転がっていくような回転を考えることができる。そこで、回転運動にエネルギーが分配されるとして、このどちらの回転運動により多くのエネルギーが分配されるだろうか。

　この疑問には、図4.17に示したポテンシャルエネルギー曲面を使って答えることはできない。なぜなら、前述したように、このポテンシャルエネルギー曲面は水素分子と表面との距離、および水素原子間の距離という2つの変数で描いた2次元のものであり、分子の表面に対する配向に関

することは考慮されていない。すなわち、このポテンシャルエネルギー曲面には水素分子の回転運動がちゃんと考慮されていない。

しかし、水素原子が銅表面に吸着している構造を考えると、ここでの疑問に対する答えを推測することはできる。2つの水素原子がどちらも表面から同じ距離にいる時に表面上で結合する場合は、分子の回転軸は法線方向を向いており、どちらの原子も表面法線方向には同等な力を受けるので、分子軸を大きく傾けて車輪のような回転をすることは難しい。したがって、水素分子はヘリコプター型の回転をしながら脱離していくだろう。

逆に2つの水素原子のうち、片方だけが表面から遠くに跳ね上げられ、まだ表面の近くに吸着しているもう1つの水素原子に近づきながら水素-水素結合を形成し分子として脱離する場合は、2つの原子が表面から受ける力が均等ではないので、むしろ車輪型の回転をしながら真空側に分子は遠ざかることになろう。

推測できることはここまでで、どちらが優勢かは実際に実験してみなければわからない。そこで銅表面に吸着した水素原子が再結合して水素分子として脱離する際の分子の回転の様子を調べた研究では、ヘリコプター型で回転している水素分子が優勢であることがわかった。すなわち、2つの原子はともに同じように表面から跳ね上げられたところで水素同士の結合を作ることが多いというわけである。

第4章　固体表面における分子の動き

4.1.5　アルミニウム表面上での酸素の解離吸着

次に、酸素分子が解離吸着する場合を考えてみよう。ここでの疑問は「酸素分子が解離吸着すると、その解離片である酸素原子はどれほど離れて吸着するか」というものである。

もちろん、分子が吸着する場合と同様に、酸素分子の解離吸着後の酸素原子間の距離は、原子が表面にある金属原子と結合を作る際に得るエネルギーの大きさによることは想像できる。この原子吸着によって得た余剰エネルギーが大きい程、これを表面上で移動するエネルギーに使えるため、2つの酸素原子は遠くまで離れた場所に吸着することができるだろう。

ただし、分子内の結合も強固でこれを切るためにはエネルギーが必要となり、これに費やすエネルギーが表面原子との結合によって得るエネルギーで十分まかなわれなければならない。すなわち、酸素原子と表面との結合エネルギーが酸素分子を解離するのに必要なものとだいたい同じだったら、解離した後の酸素原子を大きく引き離すほどの余剰エネルギーは残っていない。しかし、酸素原子が金属に吸着するときのエネルギーは水素に比べて2から3倍大きいと考えられるので、かなりの余剰エネルギーを持っていると予想される。酸素分子が解離して生じた酸素原子はこの余剰エネルギーを使って表面上を動きまわるかもしれない。もしそうなら、1つの酸素分子から分かれた2つの酸素原子は互いに遠く離れて吸着するだろう。

もっとも、動きまわっている酸素を直接観察することは

難しいが、どれくらい動いたかはCOの吸着のところで述べたように、吸着した後の酸素原子が表面上にどのように分布しているかがわかれば推測できる。

■表面の原子を見る

 解離吸着した原子がどの程度表面上で離れて吸着しているかを、どのようにして調べればよいだろうか。ここで、表面に吸着した原子や分子を直接観察することのできるすごい顕微鏡を紹介しよう。原子を観察する顕微鏡というと、すぐに電子顕微鏡を思い起こすかもしれない。残念ながら電子顕微鏡では表面の原子を1個1個観察することは難しい。しかし、1980年代から開発された走査型トンネル顕微鏡（STM：Scanning Tunneling Microscope）を用いると、これができる。

 STMの原理をここで簡単に述べておこう。まず最初にトンネル電流とは何かについて考えねばならない。金属の中にはたくさんの電子がつまっており、金属の両端に電圧をかけると、金属には電流が流れる。すなわち、電子を金属の中に入れたり金属から出したりすることができるのはよく知られた金属の性質である。しかし、電圧のかかっていない場合には、どうして電子は金属の中に留まっていられるのだろうか。

 金属を構成する原子、例えば銅とか白金の原子1つを取り出して考えると、これらの原子はその質量をほとんど賄い正の電荷を持つ原子核と、この正電荷を打ち消すだけの数の電子から成り立っている。そして、このすべての電子

第4章　固体表面における分子の動き

は原子核との間のクーロン引力、つまり原子核の正電荷と電子の負電荷の間に働く普遍的な静電引力を受け、原子核の周りに存在する。

　金属というのはこの原子が多数集まってできており、金属原子は互いに近接している。このように金属原子間の距離が近いと、隣同士の原子の電子や原子核が互いに及ぼす力は大きくなる。特に、金属原子の中でも最もエネルギーの高い電子はその影響を大きく受けて、もともと自分が属していた原子核から遠く離れて金属中のどこにでも行けるようになる。

　このように、金属の中にはほぼ自由に動きまわれる電子があることを、高校の化学でも学んだだろう。この金属中の電子は一見、自由に金属中を動きまわることができるように見えるが、もちろん金属中にある多数の原子核との間のクーロン引力を感じているので、金属の外に飛び出すようなことはできない。したがって、この原子核との引力が電子を金属内に留めておくことになる大きな原因の1つである。

　この世の中には無限に大きなものはなく、金属という物質もすべてある有限な大きさを持っている。ということは、必ずどこかで金属原子の並びがとぎれる所がでてくる。すなわち、これが金属の表面である。この有限な大きさを持った金属が真空の中にあるとしよう。そこで、次のようなことを考えてみよう。金属の中をほぼ自由に移動できる電子だが、これが金属の端、すなわち金属表面に到達すると、金属電子はどう振る舞うだろうか。もちろん、先

程の議論から、電子は金属内に閉じ込められているのだから、電子が勝手に真空側に飛び出していかないように金属と真空の間には大きなエネルギーの障壁があるはずである。

■電子は表面から真空側へ滲み出す

私たちのように巨視的な世界に住む者にとっては、壁があるとそれによじ登らなければ、その壁を越えて向こうの世界に行けないことは自明である。しかし、微視的な世界にいる電子にはこの自明の理は適用できない。なんと電子はその壁の向こうに、少しだけなのだが、滲み出すことができる。

電子が滲み出るという意味は、図4.19に示すように、電

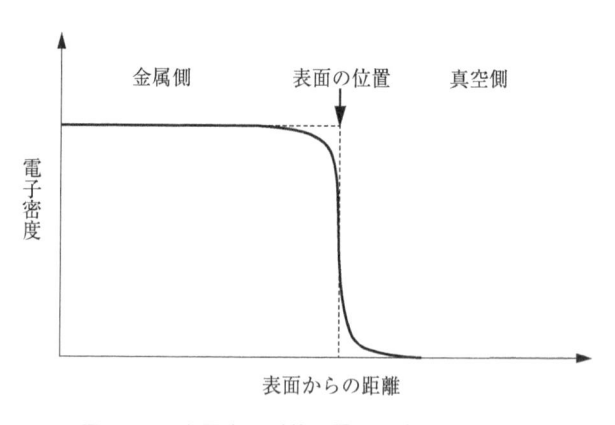

図 4.19 金属表面近傍の電子密度分布（実線）
破線は正の電荷分布を示す

子が存在する確率は表面近傍の真空中では、金属の中に比べるとはるかに小さいが、完全にはゼロでないということである。また、電子が真空側に存在する確率は表面から離れるほど、どんどん小さくなる。ただし、この電子の滲み出しという現象は、金属表面での壁の高さに限りがあるということに原因がある。すなわち、もし壁の高さが無限に高ければ、いかに電子であっても壁の向こう側に滲み出す確率はゼロとなる。

　ここで、電子が一部真空側に滲み出すので、表面のすぐ近傍の金属内の電子の密度が逆に低下していることに注意しよう。これに対して、正の電荷を持つ原子核は表面できれいに並んでおり、電子のように表面を越えて真空側に滲み出すということはできない。したがって、正電荷の密度分布は図4.19の破線で示すように表面近傍も金属内部と同じである。ということは表面より内側は正の電荷が過剰であるのに対して、表面より真空側は負の電荷が過剰となる。このように正負の電荷が帯のように表面をまたいで存在する。実は、この正負の電荷の帯が作る電場も電子を金属の中に閉じ込めるのに一役買っている。

■STMは電子の滲み出しを利用する

　そこで、図4.20のように鋭い金属の針（探針という）を金属表面に近づけてみよう。この針も金属でできているから、この針の表面にも電子が真空側に滲み出している。探針がどんどんと表面に近づき、探針と表面の電子が滲み出している領域が重なる程になると、電子はこの2種類の金

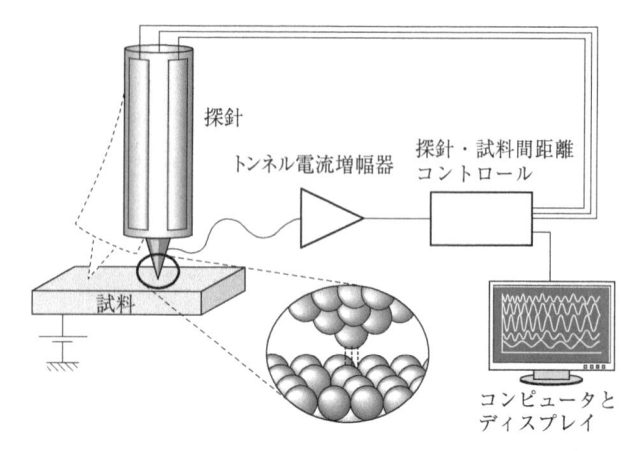

図 4.20　走査型トンネル顕微鏡の構成と原理

属の間の壁をすり抜けるように、移動（トンネル）することができるようになる。

本来、真空側への壁を乗り越えるには十分なエネルギーを持っていない電子であるにもかかわらず、まるで山の反対側に向けて掘ったトンネルを抜けるように電子が移動する。このような現象を、電子の**トンネル現象**とか**トンネル効果**という。そこで、この2つの金属の間に電圧をかけると、電子は一方向に移動するので、電流が流れる。この電流を**トンネル電流**という。

金属試料と金属の探針の2種類の金属における真空側への電子の滲み出している領域の重なりが大きい程、大きなトンネル電流が流れる。この滲み出しの程度、つまり、電子の存在確率は金属表面からの距離が長くなるほど激減することは先に触れた。したがって、2つの金属が近づく

第4章　固体表面における分子の動き

程、大きなトンネル電流が流れる。

さて、金属表面は原子が並んでできているのだから、のっぺらぼうの平坦な板ではなく、ミクロに見れば原子の配列に応じた凹凸がある。また、それに応じて電子の滲み出しの領域も空間的には凹凸がある。したがって、探針と試料の金属との間にかける電圧を一定にし、また探針の表面から高さを一定にして、金属表面に平行に探針を動かしていくと、金属表面の電子の滲み出し具合の凹凸に応じてトンネル電流の大きさが変化する。

実際には常にトンネル電流を一定に保つように探針の高さを変化させ、その変化量を表面の位置ごとに記録する。そうすると表面原子がどのように並んでいるか、すなわち

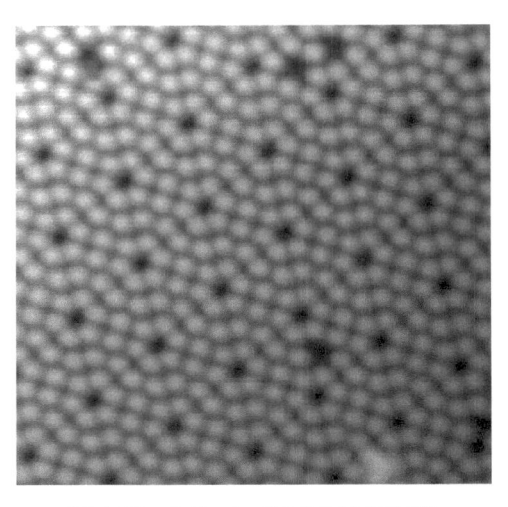

図4.21　シリコン (111) 面のSTM像

表面での原子の凹凸具合のマップを作ることができる。このようにして表面の原子像を「観る」のが STM である。STM で観察された典型的な原子像としてシリコンの(111)表面の像を図4.21に示す。

■大きな探針で原子の像が観察できる理由

読者の中には、「トンネル電流を使うことにより表面の原子像や原子の配列の様子が得られるのは原理的には了承できるが、探針といっても現実には手にとって触れることのできる巨視的な物質なのだから、原子1個などというオングストロームの領域の空間を分解して観察することが本当にできるのだろうか？」という疑問を持たれる方もおられるだろう。これはたいへんまっとうな疑問である。

STM が開発された当時もこれが大きな問題であった。しかし、STM 開発以前の表面科学の研究により Si(111)表面の原子配列がどのようになっているかが議論され、もっともらしい構造が提案されていた。そこに、STM で図4.21のような像が得られ、これがその提案されていたモデルと非常によく合うことなどから、STM で得られる像が表面の原子配列を反映するものであるということに疑いを挟む余地はなくなった。すなわち、原子1つずつを分解するだけのきわめて高い空間分解能がある顕微鏡が誕生したのである。

巨視的な大きさを持つ探針でどうしてこれほど高い空間分解能が得られるのかということに関する答えは、次のように考えられている。つまり、巨視的な物質である探針の

先をいくら鋭くとがらしたとしても、もちろん限りがあり、オングストローム単位までとがらした鋭い針を作ることは不可能であろう。ただし、原子のサイズから見たらまだまだ鋭くない針の先端に、たまたま1原子が飛び出しているようなことがあったらどうだろうか。前述したように、トンネル電流の大きさは原子のサイズ、すなわちオングストローム単位での変化にたいへん敏感に依存する。したがって、探針の先端に1個の原子が飛び出していると、トンネル電流はその原子を通して流れる。とすれば、なまくらな尖端しかもっていない探針だが、この先端の飛び出した1個の原子により、1つ1つの表面原子を区別するだけの分解能を持つことになる。

■吸着するサイトにはいくつも種類がある

このように表面の原子が1つずつ見えるようになると、単に原子・分子が表面に吸着するといっても、いったい表面のどこに吸着するのかということが気になってくる。

ここでは図4.16（a）に示したような解離吸着の谷（B付近）に入ってから原子が感じるポテンシャルエネルギー曲面を考えてみよう。この場合は、表面に沿った座標についてのポテンシャルエネルギー曲面という意味である。図4.22に示したように、表面は平たいきわめて滑らかな板ではなく原子ごとの凹凸があるが、もちろん、表面から遠方にあれば表面での原子の微細な凹凸は問題にならない。つまり、蟻のように地上を歩いているものにとっては、地上の砂や石などでできている凹凸を明瞭に感知できるけれど、飛行

表面からの距離

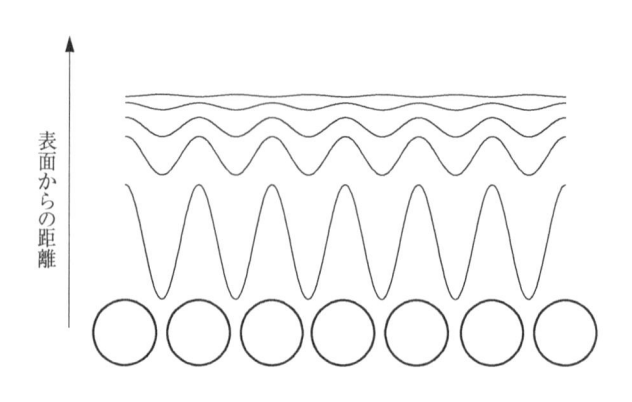

図 4.22　表面からの距離に応じて原子が感じる表面に沿った方向のポテンシャルエネルギー曲面

機に乗って地上を見た場合、このような地上の細部を認識することは難しい。まして、ロケットに乗って宇宙空間から地球を観た場合、地表の表面の細部を感知することができないのと同じである。同様に、原子・分子が表面に近づいて吸着する程に表面に接近するとなると、表面の凹凸は原子・分子には大事になってくる。

　表面の凹凸、言い換えれば表面原子の配列によって、気相側にいる原子・分子はより強い引力を感じる場所を鋭敏に見極めるようになる。つまり、原子・分子は表面上のどこにでも同じように吸着できるわけではない。最も安定に吸着できる場所とそうでない場所がある。

　そこで、安定に吸着できる場所を**吸着サイト**という。図4.23に金属表面上での代表的な吸着サイトを示した。表面原子と吸着種との配置の仕方によって、**オントップ**、ブリ

第4章 固体表面における分子の動き

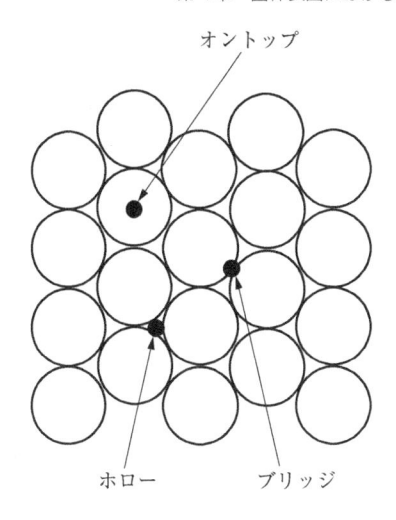

図 4.23 (111) 表面における代表的な吸着サイト

ッジ、ホローなどという名前が付いている。オントップサイトというのは表面原子のちょうど上の場所であり、ブリッジサイトというのは隣り合う原子と原子の間の場所である。ホローサイトは3つの原子が寄り集まったところにできる窪みのような場所である。ある原子はオントップサイトに好んで吸着するが、ある原子はむしろブリッジサイトがよいというように、これは原子と表面の原子の種類の組み合わせによって異なる。ちなみに、白金やアルミニウムの(111)表面上では酸素はホローサイトに吸着していると考えられている。

低温では吸着種はおとなしくこのポテンシャルの窪みにおさまっているのだが、表面の温度が上昇するにつれて表

面原子がだんだん激しく振動しはじめるため、吸着種は表面原子と衝突するたびにエネルギーをもらい、自分も窪みの中でだんだん激しく動きだす。そして隣の窪みとを隔てているエネルギー障壁よりも大きなエネルギーをもらった吸着種は、ついに隣のサイトに移ってしまう。これを吸着種の**ホッピング**という。

吸着種は周りに他の吸着種がいなければ、どの方向にもホッピングすることはできる。ただし、表面原子との衝突で受ける力の大きさや方向は一定のものではなく、吸着種にとってはランダムな力なので、吸着種がどちらの向きにホッピングするかは予測できない。つまりホッピングの方向もランダムである。

しかし、注目している吸着種の隣のサイトを他の吸着種が占拠していると状況は異なる。すでにそのサイトは空いていないので、そちらの方向へのホッピングはブロックされる。したがって、全体的には吸着種は密に吸着している部分からまばらに吸着している場所へと広がっていく。これが吸着種の**表面拡散**である。そして、この拡散過程を経て吸着種が他の吸着種と表面上で出会うと、いよいよ反応するチャンスが出てくる。

■金属表面に吸着した酸素原子の分布[4-6]

さて、酸素の解離吸着の話に戻ろう。STMを用いると、先程から論じていた解離吸着した酸素原子が、表面でどのように空間的に分布しているかを観察することができる。

まず、白金表面に酸素分子を衝突させて、その後、

第4章　固体表面における分子の動き

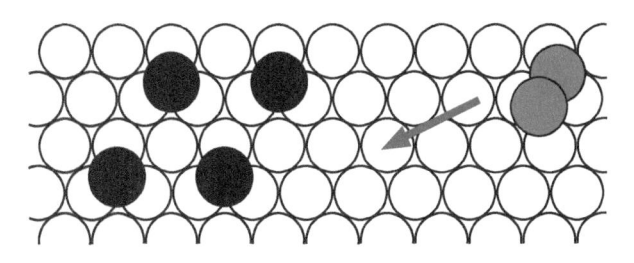

図 4.24　白金（111）表面上での酸素分子の解離吸着の様子を表した模式図
酸素原子はいつも対となってどちらも近くに吸着している[4]

　STMでこの表面を観察すると、図4.24に模式的に示したように2つの酸素原子が近い場所に対のようになって吸着しているものが多いことがわかった[4]。つまり、この場合は酸素分子が表面で解離吸着しても、その破片である2個の酸素原子はあまり飛び散ることはなく、解離した場所付近のホローサイトにおとなしく吸着している。

　ところが、アルミニウムの表面の場合はこれと大きく異なる結果が得られた[5]。酸素の解離吸着によって吸着している酸素原子間の距離に対する酸素原子の数を、STM像から数えあげたところ、図4.25に示したように、どこまでいってもその分布はたいへん平坦になっている。つまり、STMで得られた像には酸素原子が互いに隣接して吸着しているところはほとんどない。これは、酸素分子が解離吸着のポテンシャルエネルギーの井戸の中に入って解離しても、すぐに余剰エネルギーを失って、互いにすぐ隣に

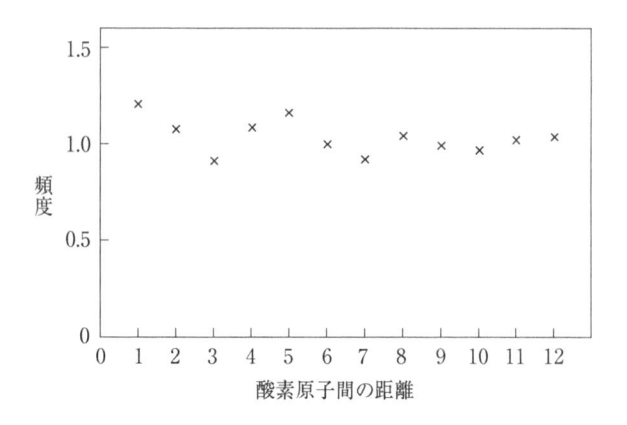

図 4.25 アルミニウム (111) 表面上に吸着した酸素原子間の距離の分布
横軸の数字はある起点となる酸素原子からの距離を、40Åごとに区切った升目を示している。たとえば、0-1 は 0-40Å、1-2 は 40-80Åを意味する。縦軸はその距離の升目の中に酸素原子が見出される頻度の相対値 [5]

吸着することはないということを意味している。つまり、解離吸着の際に生ずる余剰エネルギーを使って、酸素原子は解離した地点からもっと遠くまで行ってようやく吸着している。

もちろん、解離吸着の過程での原子・分子の動きを誰も見ていないのだから、実際どのようにしてこんなことが起きたかは、この走査型トンネル顕微鏡による酸素原子の分布から想像するしかない。こういう場合、理論的な研究まで総動員して、もっともらしいモデルを考えるのが有用である。

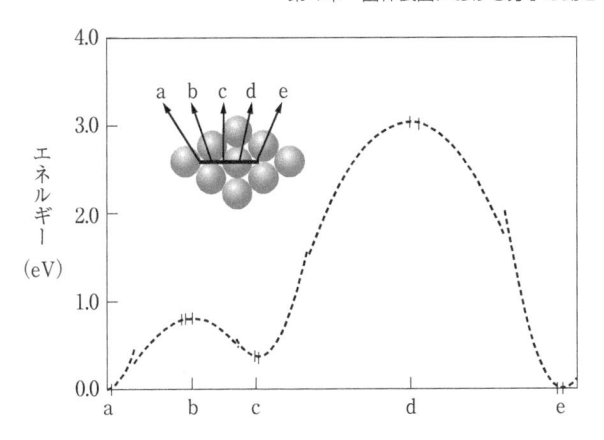

図 4.26 アルミニウム（111）表面上での酸素原子の吸着エネルギー
横軸は挿入図中の黒線に沿った座標 [6]

　量子力学的な計算によると、酸素原子とアルミニウム原子との相互作用はたいへん大きいので、表面に沿って図4.26に示したように大きなエネルギー障壁があることがわかった[6]。解離した酸素原子が表面平行方向に飛んで解離してから遠くまで行くためには、次々とこの障壁を越えていかねばならない。これはまるで障害物競走のようなもので、障壁を越えるたびに解離吸着で得た余剰エネルギーを失いやすい。したがって、表面平行方向に飛び出すというモデルでは酸素原子は急速にエネルギーを失うので観測された結果を説明できない。

　そこで、この現象を説明する1つの仮説は、図4.27に示したようなモデルである。すなわち、酸素分子が表面と衝

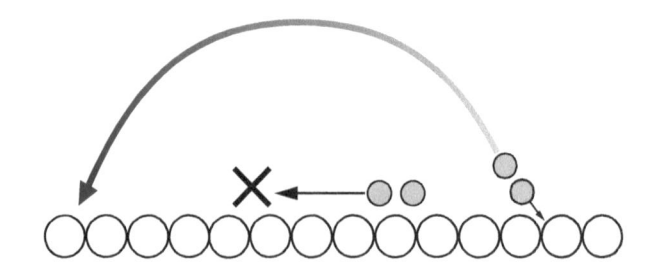

図 4.27　アルミニウム（111）表面上での酸素分子の解離吸着の様子を表した模式図

表面平行方向に飛んだ酸素解離片は表面原子との相互作用ですぐに止まってしまうが、ロケットのように真空側に向けて飛び出した酸素解離片は表面からの影響を受けにくいので遠くまで飛ぶことができる

突した際、片方の酸素原子はその位置で吸着するが、その際の余剰エネルギーのほとんどすべてを真空側に向いているもう1つの酸素原子に渡し、この原子が真空側に飛び出すというものである。真空側に飛び出した原子は表面から離れた真空側を飛行するので、図4.22に示したように表面との相互作用による表面に沿ったポテンシャルエネルギー曲面の凹凸をほとんど感じない。しかし、最終的には酸素原子と表面のアルミニウム原子との間の強い引力に打ち勝てず、再び表面に引き寄せられて最終的には表面にランディングして、そこからは図4.26に示したように表面平行方向の大きな障壁にぶつかり吸着してしまう。ところが、元にいた場所から遠く離れた場所まで最初に跳んで移動しているので、2つの酸素解離片は表面上で大きく隔てられてしまう。その結果、観測されたように酸素原子の表面上の

分布がまったくランダムで、白金表面の場合のような対となって存在する確率がたいへん小さくなる。

このシナリオではまるで酸素分子が地上に据えられたロケットの発射台となり、自分自身の片割れであるもう1つの酸素原子をロケットのように真空に向けて発射するというユニークなものになっているところが面白い。このシナリオが提唱された後、真空側に飛び出した酸素原子が実際に検出された。ただし、この仮説を真に実証するためには実験、理論の両面からのさらなる研究が必要である。

4.2 表面反応

4.2.1 反応のメカニズム

前節までは、真空から飛来してきた分子が表面に衝突して吸着したり、表面に吸着していた原子や分子が再び真空中に脱離したりする過程について考えてきた。そこで、いよいよ表面での反応、すなわち、表面での原子間の結合の組み換えについて考えよう。

例えば、

$$A_2 + B_2 \rightarrow 2AB \tag{4.12}$$

となる化学反応を考えてみよう。このような反応が表面で起きる道筋として、図4.28に示したように、大きく分けて2つのものを挙げることができる。1つは図4.28(a)のように表面に吸着している分子 B_2 に、気相から A_2 分子が直接衝突して反応する場合である。そしてもう1つは、図

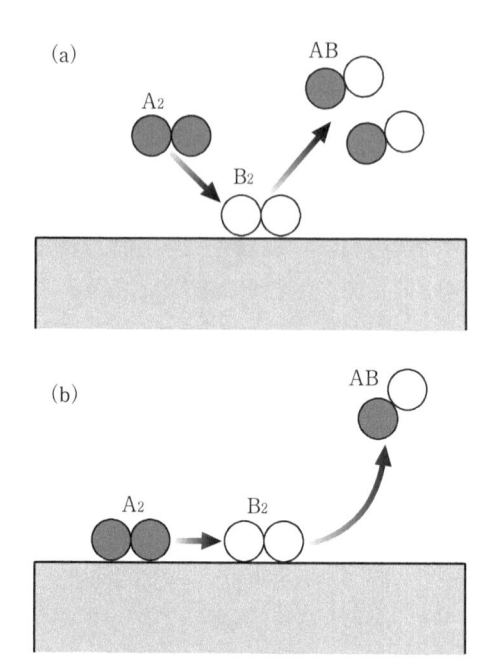

図 4.28 表面反応のタイプ
(a) 表面に吸着している分子に気相から飛来した原子・分子が直接衝突して反応する (b) 表面にすでに吸着している分子が表面上を拡散することにより出会い反応する

4.28(b)のように、反応物である両分子ともいったん表面に吸着してから、表面を移動し、お互いに表面上で出会って反応する場合である。

前者の場合は、気相での化学反応と比較的似ている。つまり、片方は表面に吸着して固定されているとはいえ、もう1つの反応物が直接衝突するので、反応を起こしABを

生成する確率は、衝突するA_2分子の気相中でのエネルギーやどのような角度で、またどのような配向でB_2分子に衝突するかということによって大きく変化する。

これに対して、後者のメカニズムでは、どちらの反応物もすでに表面に吸着しているのだから、もともとこれらの分子が気相中でどのような速度で、また、どのような角度で表面と衝突したかなど、それぞれの分子の真空中や表面との衝突での記憶を吸着分子はまったくなくしている。むしろ、反応を進行させるためには目指す相手がいる場所まで自分が移動しなくてはならず、どれだけ迅速に相手を見つけられるかが反応に大きな影響を与える。

前者のタイプの反応は、飛来してくる分子や原子のエネルギーがかなり大きな場合に起きると考えられている。これに対して、触媒反応の多くは後者のタイプで進行していると考えられている。そこで、ここからはこのタイプ、すなわち、ラングミュア・ヒンシェルウッド型の反応に注目しよう。

4.2.2　COの酸化

それでは、表面反応の典型的な例として、ロジウム表面上での一酸化炭素（CO）の酸化反応

$$CO(a) + O(a) \rightarrow CO_2(g) \tag{4.13}$$

について考えてみよう。ロジウム表面上では、一酸化炭素は炭素原子を下にして主にオントップサイトに吸着している。また、酸素は解離吸着して図4.23に示した3個のロジ

ウム原子の間のホローサイトに吸着している。低温では酸素と一酸化炭素はそれぞれのサイトに別々に吸着しているが、温度を上げていくとこれらは表面上で拡散し、どこかで出会う。そして、水素分子の脱離のときと同じようにあるエネルギー障壁を越えた酸素原子と一酸化炭素は互いに結合し、生成した二酸化炭素が表面から脱離する。

■CO_2 は折れ曲がり運動をしながら脱離する

この反応で面白いのは、生成物である二酸化炭素がどのように表面から脱離するかである。まず考えてほしいのは、図4.29(a)に示したように、そもそも二酸化炭素は真空中では2個の酸素と1個の炭素原子が一直線に並んだ直線構造をしている。それに対して表面上の反応前の酸素と

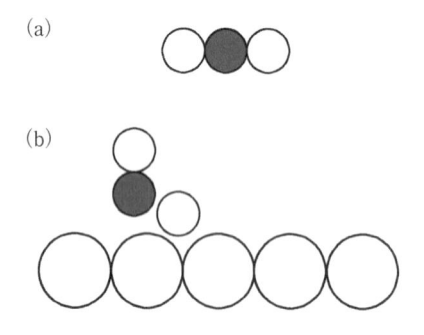

図 4.29 (a) 気相中での CO_2 の構造 (b) 表面上でのCOと酸素の吸着構造

黒丸が炭素原子で白丸が酸素原子を表す

第4章 固体表面における分子の動き

一酸化炭素の相対位置は、両者が表面に吸着しているために、大きく折れ曲がった状態となっている。すなわち、酸素原子と一酸化炭素の炭素原子との間に結合ができた時点で、生成した二酸化炭素はかなり折れ曲がった構造になっている。当然、このような折れ曲がった構造は気相での安定な構造ではない。

表面で生成された二酸化炭素は、表面から遠ざかるにつれて表面との相互作用がなくなるので、折れ曲がった構造から直線状の構造になろうとする。しかし、直線になったところで運動を止めることはできず、今度は逆の方向に折れ曲がる。そして、またその状態から直線分子になる方向に運動を始める。つまり、図4.30に示したように、表面から脱離する分子はくねくねと折れ曲がり運動（変角振動）

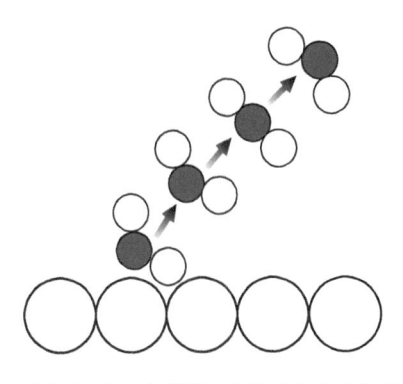

図 4.30　表面で屈曲した構造から生成したCO_2は折れ曲がり運動（変角振動）をしながら表面から脱離する

をしながら、表面から脱離してくることになる。

■平坦な表面ではCO_2は表面法線方向に脱離する[7]

この反応のもう1つの特徴は、二酸化炭素分子が脱離してくる際の表面からの角度である。

表面の法線から測った角度をθとする。もし、表面に吸着した分子が表面原子とエネルギーのやりとりを行っており、平衡状態にあるとすると、表面から脱離してくる分子の角度分布は表面法線からの角θに関して、$\cos\theta$にしたがうものとなるはずである。これは次のような理由からである。

すなわち、表面吸着種が脱離の前に十分な時間があると、分子は表面原子集団と熱平衡状態(吸着分子と表面を構成する原子団が互いに十分エネルギーのやり取りを行っており、両者が熱的に釣り合っている状態)にある。表面原子の動きには表面法線方向のものもあるが、表面平行方向に沿った動きもある。熱平衡にある吸着種は表面原子のこれらのすべての動きを経験しているので、表面平行方向の運動成分を持っている。この状態で脱離するので、脱離した分子は表面法線方向のみならず、表面平行方向の速度を持っている。この結果、脱離分子の角度分布が$\cos\theta$になる。

しかし、実際にはロジウム(111)表面上での一酸化炭素の酸化で生成した二酸化炭素分子は、図4.31に示すように、$\cos\theta$の分布に比べると$\cos^{15}\theta$とたいへん鋭い分布を持って脱離する。これはどうしてだろうか。

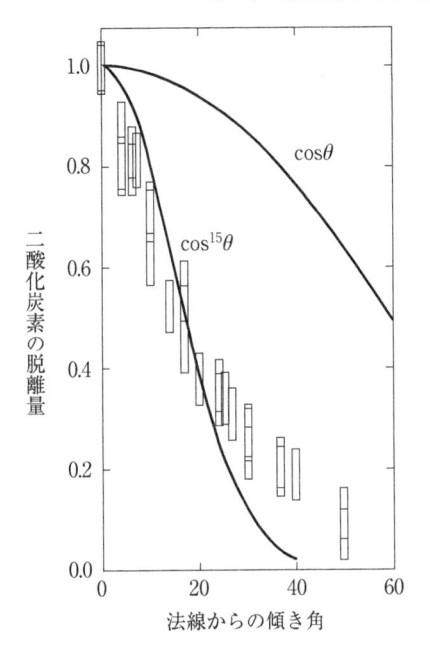

図 4.31 Rh (111) 表面でのCOの酸化により生成されたCO_2の脱離量の角度分布 [7]

これも、水素分子の脱離の場合と同様な図4.16にあるようなポテンシャルエネルギー曲線を考えることによって、理解することができる。表面上で酸素原子と一酸化炭素の間に結合ができたときには、大きく折れ曲がった構造となることは先に述べた。このような安定な直線状の二酸化炭素分子を無理矢理曲げた構造にするためにはたいへん大きな力、すなわちエネルギーが必要である。ということは、この折れ曲がった構造は、気相中の分子よりもエネルギー

の相当高い状態で生まれ出たはずである。このことは、この酸化反応の逆反応、すなわち二酸化炭素の解離吸着には水素分子の場合と同様に、大きなポテンシャル障壁が存在することを意味している。

　そこで、COとOが結合するのに十分なエネルギーを表面原子からもらい、ポテンシャルの峠を越えCO_2生成の谷に入った途端、分子は絶壁のようなポテンシャルエネルギーの崖を下り降りることとなる（図4.32）。この結果、生成したCO_2分子は表面法線方向に強く押し出される。

　そして、表面法線方向のポテンシャルの崖の勾配があまりに急なため、分子は猛スピードで表面から遠ざかる。し

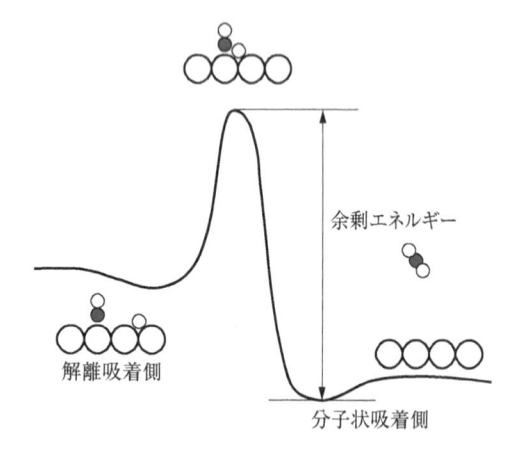

図 4.32　COの酸化反応における反応座標に沿ったポテンシャルエネルギー曲線の模式図

たがって、表面上で生成され、脱離するまでの間にCO_2分子は表面原子と悠長にエネルギーのやりとりをしている暇はない。その結果、表面平行方向の速度成分を表面原子から十分もらわない状態で表面から脱離する。したがって、脱離するCO_2分子はほとんどが表面法線方向に脱離する。これが図4.31に示したきわめて鋭い角度分布が得られる理由である。

注意すべきことは、表面反応による脱離種がすべて二酸化炭素の場合と同様な鋭い角度分布を示すとは限らないことである。なぜなら、先に述べたように一酸化炭素の酸化反応には反応の出口、すなわち二酸化炭素の生成側に急峻なポテンシャルエネルギー曲線の崖があるため、二酸化炭素にとっては周りの原子とのエネルギーのやりとりもほとんどできないし、その地形を調査する（感じる）暇もなく真空側へ飛び出す。これに対して、もし、そのような急峻な崖がなく、生成分子が何度も表面原子とのエネルギーのやりとりをするだけの時間がある場合は、このような鋭い分布を示すことはない。

4.3 実時間で表面上の分子の動きを見る

ここまでは、表面上での吸着・脱離、反応過程における分子の運動を代表的な分子である水素、酸素、一酸化炭素や二酸化炭素を例として述べてきた。ただし、これらの過程における分子の運動を見てきたように解説したが、実際、分子の動きを刻々と時間を追って観測したわけではな

い。これらの現象がすべて終わった後の表面に残った吸着種の分布であったり、あるいは、これらの現象の結果表面から脱離してくる分子の空間分布であったり、すべて事後の証拠から分子はどのような運動をしたのかを推測していることになる。

これは、シャーロック・ホームズのような名探偵が、犯行現場に残されたさまざまな証拠から何が起きたかを推理するのに似ている。彼は犯行をその場で見たわけではないのだが、残されたささいな証拠も見逃さず緻密な推理により真実を暴く。もちろん、名探偵のような緻密な論理を組み立てることにより、前節までに見たように合理的な分子の運動を再構築することはできる。

しかし、やはり刻々と変化する分子の運動の様子を実際に時間を追って観測してみたいと思うのは自然な欲求である。このような観測を実時間での観測という。そこでこの節では、吸着種の運動を実時間で観測したいくつかの研究について述べよう。

4.3.1　分子の運動を実時間で見るためには

物体、動物、人の動きを実時間で見るにはどうすればよいか。人類は写真を撮るようになってから、このことについてはずいぶん努力をしてきた。例えば、馬が駆けるとき、その脚はどのような運動をしているのだろうか。全力疾走をしている馬の4本の脚がすべて宙に舞っているような瞬間があるのだろうか。

このような疑問に答えるには、静止画ばかり撮っていて

第4章 固体表面における分子の動き

はわからない。映画のように長いフィルムにコマ撮りができるようになって、初めてこのような運動を観察することができるようになった。今やちょっとしたカメラには連写機能が付いているので、誰でも簡単にコマ撮りができる。1秒間に30コマを超えるスピードで撮影できるカメラをハイスピードカメラというが、世の中には1万コマを超えるものまであるようだ。1秒間に1万コマだと、フレーム間の時間間隔が$\frac{1}{10^4}=10^{-4}=0.1$ミリ秒と随分速い。

しかし、分子の運動、例えば分子の振動運動を実時間で観察するには、これで十分だろうか。この問題を考えるには、分子の運動の典型的な時間スケールを知っておかねばならない。

もちろん分子によって異なるが、おおざっぱに言うと、分子全体の回転運動はだいたい1周期が10^{-10}秒、振動の1周期は10^{-13}秒である。したがって、先程のハイスピードカメラのコマ撮りに比べて何桁も速いスピードで撮像しなくては分子の運動は見えないことになる。これ程速いコマ撮りカメラは現実にはないので、別の方法を考えねばならない。

このような超高速な分子運動をその時間スケールで観測できるようになったのは、レーザーが発明されたからである。レーザーというとすぐに思い出すのは、舞台の派手な演出に使われるさまざまな色をした光線であったり、聴衆の前での講演や報告などの際に用いられたりする赤や緑色のポインターかもしれない。実際にはこれ以外にもレーザーは私たちの生活の中でずいぶん使われている。例えば、

パソコンで使う記憶媒体としてのCDや、音楽CDに記録されたものを読み出すのにレーザーが使われているし、光通信にも使われている。しかし、ここに挙げたレーザーの多くはすべて連続的に光を出すものである。すなわち、通常のランプと同じで、電源を入れれば光るし、電源を切れば消える。電源が入っている間は時間によらず、一定の光量が出力される。

これに対して、光をパルス状に出すレーザー、いわゆるパルスレーザーもある。パルス光というのは、ある短い時間の間だけ光るものである。レーザーではないが、写真撮影の際のフラッシュの光を思い起こせばよい。

レーザー開発の初期にはパルスの時間幅はせいぜい10^{-9}（ナノ：n）秒程度であったが、レーザー技術の進歩で1つのパルスの時間幅はどんどんと短くなり、現在では10^{-15}（フェムト：f）秒を切るような超短パルスが得られている。この時間幅は前述した分子振動の1周期よりも短いので、十分な時間分解能を有している。すなわち、このようなレーザーパルスを写真撮影する際のフラッシュだと思えば、分子の動きをコマ撮りできそうである。ただし、コマ撮りするにはこの超短パルスを次々とほぼ連続的に分子に照射しなければならないが、それほど高い繰り返し速度は得られないので工夫が必要である。

4.3.2 瞬時に物質を温める

COが階段状の白金表面に吸着する様子を述べた4.1.2節で、金属結晶では無数の原子が格子状に規則正

第4章　固体表面における分子の動き

しく並んでおり、それぞれが格子点の周りで振動していることを紹介した。ここでは、まずこの格子振動について考えてみよう。

■光のパルスに指揮者の役割を担わす

　個々の原子はばらばらに振動しているので、これをオーケストラに例えると、オーケストラの団員が皆好き勝手に演奏しているようなものである。これでは、全体として音楽にはならない。そこで指揮者の登場である。指揮者はタクトを振ることによって、楽団員全員に音を出すタイミングを伝える。

　これと同じようなことが金属を構成する原子集団にもできないだろうか。そこで、これを実現するために、次のような方法を考えてみよう。まず、超短パルスを2つのパルスに分ける。難しそうに聞こえるが、これは簡単に実現できる。つまり、図4.33のように、例えば光を50%反射するが、残り50%は透過するような鏡（ビームスプリッター）を用意すればよい。これに超短パルスを照射すると、1つのパルスは反射するものと透過するものの2つのパルスに分かれる。

　そこで、分けたうちの1つのパルスに指揮者のタクトの役割を担わせる。金属に光パルスを照射すると、光は金属に吸収される。金属は吸収した光のエネルギーを得るので、その温度が極めて速く上昇する。ここで金属の温度と表現したので、文字通り熱くなった金属を想像するかもしれないが、ここは、もう少し厳密に考える必要がある。光

超短パルス　　　　　　ビームスプリッター

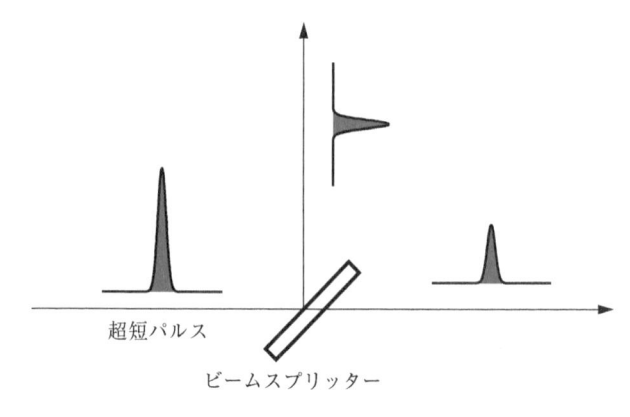

**図 4.33　超短パルスをビームスプリッターによって２つの
パルスに分ける**

は金属に吸収されるとしたが、より厳密には光は金属の中の電子に吸収される。したがって、金属中の電子は光のエネルギーを得てより激しい運動を始めるが、金属を構成している原子（正確には原子核）は光パルスが照射された瞬間にはまだ冷たいままである。

　これは、金属を電子と原子の別々の集団に便宜的に分けると、図4.34に示したように、電子集団の温度は瞬間的に大きく上昇するのに対して、原子集団（格子）の温度はまだ低いということを意味する。すなわち、物質の中で電子と原子の運動の激しさの目安となるそれぞれの温度が、大きく乖離してしまう。もし、金属をバーナーでゆっくり熱する場合はこのようなことは起きない。つまり、どちらの温度もいっしょに上昇するため、両者の乖離は起きない。

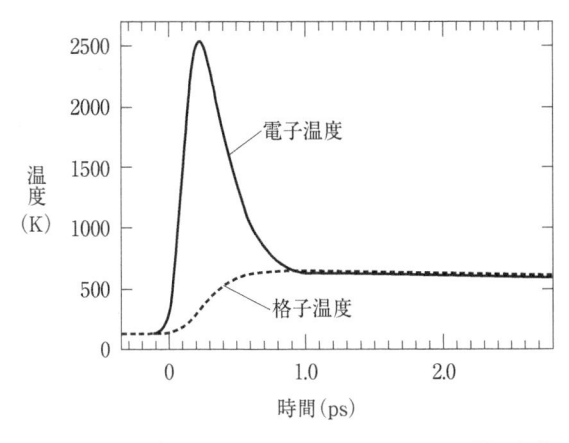

第4章 固体表面における分子の動き

図 4.34 超短パルスによって励起された白金の電子と格子（原子核）の温度

　それでは、電子温度の上昇のスピードはどれくらい速いかというと、それはほとんど照射した超短パルスの立ち上がりに追随するほど速い。図4.34の例だと、0.2 ピコ秒（p：10^{-12}）のうちに2500 Kまで上昇するのだから、1秒当たりにすると昇温速度は 1.3×10^{16} K/s という、とてつもないものになる。また、電子温度が高くなると、原子核の周りの電子密度の空間分布が一変してしまう。ということは、原子と原子を繋いでいた結合力が大きく変化することを意味する。したがって、金属中の原子集団はパルス光が吸収された途端に、その前とは異なる結合力で互いに繋がれている状態を経験する。

　金属結晶をゆっくり熱して温度を高くすると、結晶が膨張することは容易に想像できるだろう。これは、高温にな

ると、前述したように、金属中の電子の空間分布が変化し、これにあわせて金属原子は原子間隔を広くすることにより、その温度で最も安定な格子を作るからである。私たちが自分の眼で認識できる巨視的な世界では、金属結晶はアボガドロ数（6×10^{23}）程度の原子の集まりなので、温度上昇による個々の原子間隔の伸びは微小なものであっても、物質全体としては大きな変化、すなわち金属の膨張という現象として現れる。

　ここでは、光の超短パルスで格子の変化をほぼ瞬時に起こそうというわけである。つまり、光パルスが吸収される前の低温では、それぞれの原子はその温度で最も安定な原子間の距離を保って格子を形成しているのだが、光パルスが来た途端にできた環境は原子にはとても居心地が悪いものになる。

　高い電子温度なら、原子はもっと互いに原子間隔を広げないと安定になれない。そこで、原子集団は一斉にその温度に最適な原子間隔をとろうとして動きだす。このようにして、格子点の周りでてんでばらばらな振動をしていた原子集団を、光パルスを照射するタイミングで一斉に動かすことができる。すなわち、光パルスにオーケストラの指揮者のタクトによる合図の役目を担わせることができる。この光パルスのことを、**励起パルス**とか**ポンプパルス**と呼ぶ。なぜ励起かというと、この場合は金属の電子運動を激しくする、すなわち励起するからである。

　光を吸収することにより金属中の電子がほぼ一瞬にして加熱されるのは、電子の比熱がたいへん小さいためであ

る。これに対して原子核の比熱は大きい。水のように比熱が大きい物質は温まりにくいし冷めにくい。逆に比熱が小さいと熱くなるのも速いが冷めるのも速い。すなわち、電子の温度はポンプパルスによりほぼ一瞬にして高くなるが、また急激に下がる。高温で激しい運動をしている電子は、原子核に衝突することにより原子核の運動、つまり原子の振動にエネルギーを移動させることにより自分は運動エネルギーを失う。したがって、ポンプパルスの照射後、1ピコ秒もすれば図4.34に示したように、電子と原子の温度はほぼ同じになり、両者はそれから徐々に低下し、光パルス照射前のもとの温度に戻っていく。

■原子たちの音楽を聴くには

さて、ポンプパルスによって開始された原子たちの運動の様子を、どのようにして調べればよいだろうか。そこで、前述した2つに分けたパルスのもう1つの片割れのパルスの登場となる。

指揮者の合図で始まった演奏が時間とともにどのように変化していくかを、私たちは座ったままで聴くことができる。言い換えると音楽を聴くのはこちらから何も働きかける必要がなく、私たちは受動的にこれを聴く。

これに対して、原子集団の音楽を「聴く」ためには、私たちは積極的にこちらから何が起きているかを調べるためのアクションが必要である。すなわち、私たちは能動的に原子たちが奏でる音楽を聴きにいかねばならない。そこで、図4.33に示したように分けたもう1つのパルスを原子

集団の運動の様子を調査するために金属に照射する。この
パルスを**プローブパルス**という。プローブとは調べるとい
う意味である。

　プローブパルスで何を調べると、原子集団の運動がわか
るだろうか。最も簡単な方法は、プローブパルスが金属表
面に当たって、どれくらいの量が反射してくるかを調べる
ことである。先程、電子温度の瞬間的なジャンプにより原
子集団の振動が一斉に開始されると述べたが、この原子集
団の足並みを揃えた振動運動が金属の電子の運動にも逆に
影響を与える。そして、光の反射率というのは電子の運動
状態によって変化する。したがって、プローブパルスの反
射率は電子の状態を介して、原子集団の運動を知る道具に
なる。

■原子集団のそろった振動運動

　そこで、ポンプパルスが金属に吸収されてから、プロー
ブパルスを照射する時間を少しずつ遅らせながらその反射
率を測定すると、反射率の変化分には図4.35に示したよう
な周期的な振動成分を見出すことができる。これが、まさ
に原子集団の振動を時間経過とともに観測する、いわゆる
実時間観測ということになる。

　つまり、反射率の変化分に見られる変調がまさに原子集
団が周期的に振動していることを表している。図4.35(a)
では原子集団が作る格子の振動のうち、1つの振動成分の
振幅のみが大きく変化している場合の反射率変化を示して
いる。これに対して、図4.35(b)では複数の異なる振動数

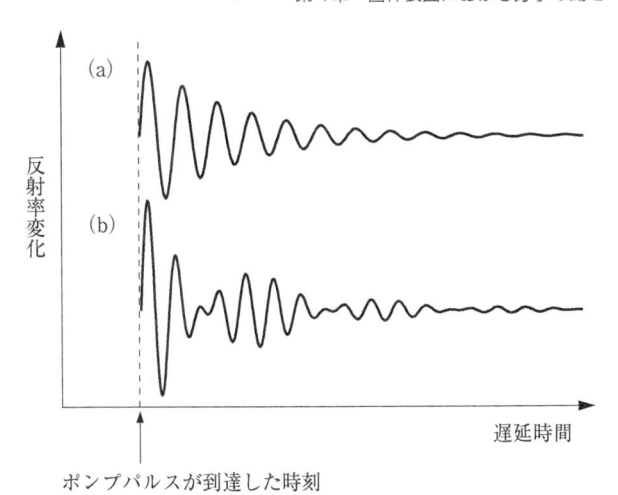

図 4.35　超短パルスを金属に照射した後のプローブパルスの反射率変化（模式図）
(a) 単一の振動モードが励起された場合　(b) 複数の振動モードが同時に励起された場合で、うなりの成分がある

を持つ格子が一斉に振動した場合である。この場合はそれらの成分の振動数の差のうなりが存在する。また、両者とも信号の大きさが時間とともに小さくなっているのは、ポンプパルスにより原子集団が一斉に振動を始めたのだが、時間の経過とともに個々の原子の振動運動がずれていき、全体としての振幅の大きさが減少して見えることを意味している。

このように、ポンプパルスにより一撃を与え、原子集団の振動を一斉に起こすことによりその運動の様子を知ることができる。これをもう少しわかりやすくするために身近

なものにたとえてみよう。

　まず、ティンパニーや小太鼓の皮の上にたくさんの豆が置いてあるとしよう。バチでこの皮に一撃を与えると静止していた豆たちは一斉に跳ね上がり、その後運動を始める。最初はすべての豆は同じように跳ね上がるが、その後の運動は豆の置かれた位置によって異なる。したがって、全体を観ていると豆の動きはすぐばらばらになってしまう。

　もう1つの例は、お寺にある梵鐘(ぼんしょう)である。除夜に近くのお寺から鐘の音が聴こえてくる所もあるだろう。撞木(しゅもく)という大きな木の棒で鐘を一撃することにより鐘を鳴らすが、鐘の音をよく聴くと低い音から高い音までいろいろな音が混ざり合い、うなりながら音が減衰していくことに気がつくだろう。これは、音叉とは違い撞木の一撃で鐘が本来持っている多くの振動数の音が一斉に鳴りだすためである。音のうなりは、まさに梵鐘にはいろいろな振動数で振動するモードがあることを示している。

　この2つの例では、バチや撞木による一撃がポンプパルスの役割で、この一撃によって誘起された豆や鐘の振動が原子集団が作る格子の振動に相当する。

　このように対象とする物質にポンプパルスでエネルギーを与え、その後の物質の振る舞いをプローブパルスで測定する方法を一般に**ポンプ‐プローブ法**という。この方法の光学素子の配置の一例を図4.36に示す。プローブパルスが金属に照射されるタイミングをポンプパルスから少しずつ遅らせることにより、ポンプパルスによって誘起された金

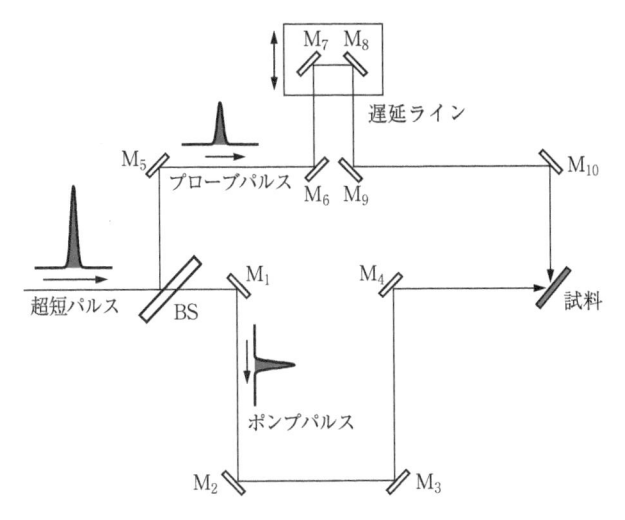

第4章　固体表面における分子の動き

図 4.36　超短パルスを用いた超高速現象を観測するための光学配置の一例
BS：ビームスプリッター、M_1-M_{10}：鏡。M_7とM_8を一緒に移動させることによりポンプパルスとプローブパルスとの間に時間差をつけることができる

属の格子振動の様子を観測するのだが、プローブパルスを順々に遅延させることは難しいことではない。そのトリックは図中の遅延ラインと示したところにある。

光が空間を進む速度（光速）は約 $3×10^8$ m/s だから1ピコ秒の間に光が進む距離は $3×10^8×10^{-12}=3×10^{-4}$ m、すなわち、0.3 mm に過ぎない。そこで、1つのパルスを鏡によって2つに分けた後、遅延ラインを少しずつ移動させ、プローブパルスが辿る経路の長さを変化させることで、試料の場所でのポンプパルスからの遅延時間を変える

ことができる。

4.3.3　アルカリ金属原子の運動
■表面のことは表面鋭敏な信号でないとわからない[8]

　前節では、物質中にある原子集団の振動をポンプパルスで励起し、プローブパルスを用いて実時間で観測する方法について述べた。表面に吸着した原子・分子においても同様な観測が可能である。しかし、プローブパルスの反射率測定はこの場合適当ではない。その理由は反射率は物質全体の状態を反映しているからである。すなわち、物質全体の変化には表面にいる原子の変化も含まれるが、その割合は圧倒的に少ない。反射率変化に影響を与えるのはほとんど物質内部の原子集団である。したがって、表面にある原子・分子の振動の様子を調べるためには、別の量をプローブパルスで観測しなければならない。つまり、その量とは理想的には表面にある原子・分子のみに鋭敏に変化し、物質内部の変化には影響を受けないものでなくてはならない。

　ここに表面を対象とした実験の困難さが浮き彫りにされている。物質とは、当然ながら、ほとんどが表面にでていない原子や分子でできている。表面にいる原子・分子は全体に比べればほんのわずかの割合しかない。物質中に微少に含まれる不純物を検知したいとしよう。不純物が物質全体に均一に混じっているなら、いくらその濃度が微少でも、物質の厚みや量を多くすれば、検出にかかる程度に不純物の数を多くできる。ところが、いくら物質を厚くして

も表面にいる原子・分子の数は一定である。むしろ、物質全体からするとその割合がどんどんと低下してしまう。したがって、吸着種を含めて表面にいる原子・分子の様子を知るためには、表面にいる原子・分子のみの情報を持っている信号を観測しなければならない。このような信号を表面鋭敏な信号という。

　表面鋭敏な信号、あるいはそのような信号を扱う実験方法の種類は数少ない。その中の1つとして、第二高調波発生という現象がある。第二高調波発生とはある波長の光を表面に入射するとその半分の波長、すなわち、光の周波数が2倍になった光（第二高調波）が発生する現象である（図4.37）。つまり、赤い光を入射させたにもかかわらず、表面から反射された光の中には青色の光が混じって出てくる。このような現象は日光とか室内灯とかの強度の弱い光では見られないが、レーザーのように強い強度を持つ光を

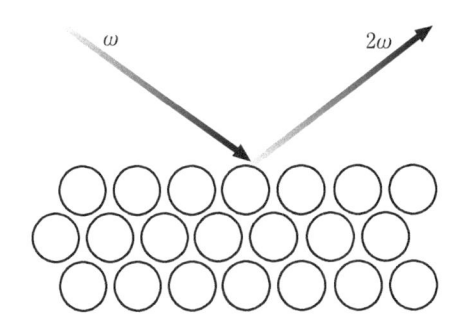

図 4.37　表面における第二高調波発生
入射光の周波数 ω に対して 2ω の第二高調波が表面から発生

表面に照射することにより実現できる。重要なことは、物質（結晶）の構造がある条件を満たせば第二高調波は物質の表面・界面からのみ出てくる点である。すなわち、物質の内部からは発生しない。したがって、この性質は先程述べた表面の様子のみをプローブしたいという要求を満たしており、表面鋭敏な信号である。

■金属表面上での原子のダンス[9]

そこで、プローブパルスの第二高調波を観測することにより、表面吸着原子の振動の様子を調べた例を以下に述べよう。

金属表面にナトリウム、カリウム、セシウムなどのアルカリ金属原子を吸着させる。これらのアルカリ金属は、ハーバー－ボッシュ法の鉄を主体とした触媒に添加することにより触媒の性能を上げたり、金属から電子を飛び出させるのを容易にしたりするためにはなくてはならない元素で、アルカリ金属の表面吸着の様子は古くから研究対象となっていた。

ポンプパルスで表面近傍の電子を励起し、その温度を急速に上昇させることはこれまで述べた方法と同じである。異なるのは時間遅延を設けたプローブパルスの反射率を測定するかわりに、第二高調波の強度を測定する点である。表面に吸着しているアルカリ金属原子も、下地の金属の電子温度の急激な変化の影響を受けて一斉に振動を始める。吸着原子集団のこのような一斉に振動する運動がアルカリ金属を含む表面の電子の状態を変化させ、これがまた第二

高調波の発生効率を変化させる。そこで、第二高調波の強度の変化量をプローブパルスの遅延時間に対して測定すると、アルカリ金属原子の表面での振動の様子がわかる。

図4.38に、白金（111）表面に吸着したカリウム原子の

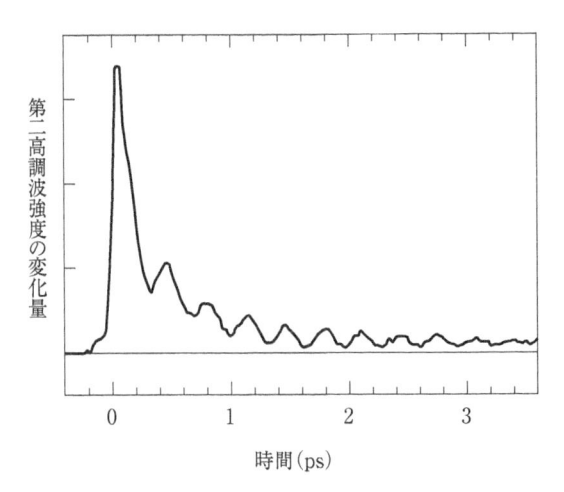

図4.38 カリウムが吸着した白金（111）表面を超短パルスで励起した際に観測されたプローブパルスの第二高調波強度の変化
遅延時間と共に指数関数的に減衰していく信号にカリウム原子の振動による変調が重なっている[9]

振動に関して実際に測定された結果を示す。信号は$t=0$、すなわちポンプパルスが表面に照射された時点で急速に立ち上がり、その後また急速に減衰していくが、その減衰する部分にうねうねと振動する変調成分が重なり合っている。信号全体の急速な立ち上がりとその後の急速な減衰

は表面近傍の電子の運動、つまり電子の温度の移り変わりを反映している。このことは図4.38の信号の変化が図4.34に示した電子温度の時間変化に酷似していることからわかるだろう。

そして、この信号に重ね合わされた振動成分が、表面に吸着したカリウム原子団の一斉振動を表している。すなわち、この振動はカリウム原子が一斉に表面法線方向に伸びたり縮んだりする振動で、その1周期はこの信号の振動成分の周期から約0.3ピコ秒であることがわかる。

4.3.4　CO吸着分子の運動
■ステップからテラスへの超高速移動[10]

前節では、表面の吸着原子の振動運動を実時間で観測できることを示した。ここではアルカリ金属原子よりはもう少し複雑な吸着種として、4.1.2節で扱ったCO分子の白金表面上での運動について考えてみよう。

前節では、表面の吸着種の運動を観測するには、表面のみに鋭敏な信号をとらえることがいかに重要であるかということを述べた。ここでも同様に、表面に吸着したCO分子のみから出る、あるいはCO分子に関連する信号をプローブパルスで拾わねばならない。そこで、COの伸縮振動に着目しよう。ここでまた白金の微斜面であるPt(533)という面に吸着したCO分子を考えよう。

この表面は4.1.2節の(997)面に比べると、テラスの幅は白金3原子と狭い。しかし、テラスに吸着しているCOの伸縮振動の振動数が、ステップに吸着しているもの

に比べて高い点は同じである。したがって、C-O伸縮の振動数に着目すると各サイトに吸着しているCOをそれぞれ観測できるし、CO由来の信号強度をモニターすれば、それぞれのサイトに吸着しているCO分子の数を知ることができる。そこで、プローブパルスとしては、これらの表面に吸着したCO分子の振動数を含む赤外光パルスを選ぼう。

　先程までの例と同じように、実験手法はポンプ-プローブ法である。最初にステップとテラスに吸着している分子の数を3:1にしておく。そして、この表面にポンプパルスを照射し、金属表面の電子を励起した後、ステップとテラスに吸着しているCOの数がどのように変化していくかをプローブパルスで調べる。

　その結果、ポンプパルスを照射してから1ピコ秒以内に、ステップにいたCOは完全にテラスに出ていくことがわかった。これは驚くべき速さである。ここで問題はこの短い時間にCO分子は実際どのようにしてテラスに移動していくのかである。

■吸着種と表面との間の振動モード

　この問題を考える前に、吸着している原子・分子の状態のことをもう少し説明しておこう。先程述べたアルカリ金属原子とは異なり、CO分子は分子内の特有な振動、この場合はC-O伸縮振動を持つことができる。CO分子は気相では飛びまわる並進運動と、全体として回転する回転運動をしている。並進運動はx、y、zと3次元の空間を走

るのだから3個の自由度がある。これに対して回転運動にはCOの分子軸に垂直で互いに直交した2つの軸の周りでの回転があるので、2個の回転の自由度がある。したがって、合計5個の自由度がある。

　COが表面に吸着すると、COは自由な空間での運動であった並進と回転を行えなくなる。その代わりに、表面との間の5個の振動自由度を獲得する。すなわち、CO分子が表面に吸着すると、図4.39に示したような3個の異なる振動モードができる。これらは、束縛回転、束縛並進と呼ばれるモードと、CO分子全体の表面法線方向への伸縮振動である。

　前の2つのモードに束縛という名前が冠されているのは、次のような理由による。すなわち、分子が表面に吸着

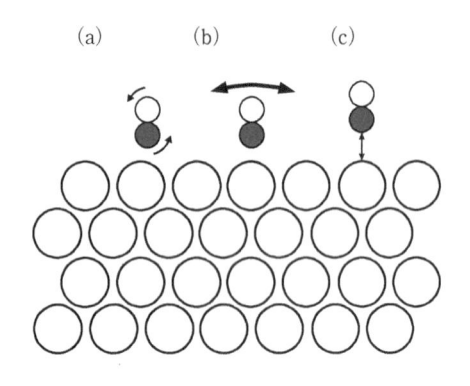

図 4.39　吸着した CO 分子の分子-表面間の振動モード
(a) 束縛回転モード　(b) 束縛並進モード　(c) COの重心の表面法線方向の伸縮振動モード

するということは、いわば表面にアンカーを降ろしたような状態なので、先程述べた自由空間での並進と回転運動に制限が生じる。したがって、回転運動といっても表面での360°の回転はできず、垂直に立った姿勢から少し傾いてはまた元に戻るような、首を振るような回転（図4.39(a)）しかできない。また、並進といっても、垂直に立った姿勢のまま吸着サイトにて表面平行方向に前後左右に振れる振動モード（図4.39(b)）となる。どちらも常に安定な吸着位置に束縛されたままの運動なので、束縛という名前を冠している。

　ここで、2つの束縛モードは、CO分子の軸の周りにそれぞれ90°回転させると同様な振動モードがあり得ることに注意しよう。つまり、これらの2つの束縛モードには、実際には2つずつ同じ振動数を持ったモードがある。したがって、図4.39(c)で示したCO分子全体の表面法線方向への伸縮振動を合わせると、全部で5個の振動の自由度があることになる。すなわち、自由空間での3個の並進、2個の回転、合計5個の自由度が、これらの吸着種と表面との間の振動の自由度に変換されている。

■サイト間ジャンプに有効に働く振動モード

　4.1.5節で、アルミニウムの表面での酸素原子の表面拡散のところでも議論したように、表面平行方向に吸着種が移動するためには隣の吸着サイトに逐次ジャンプしていかねばならない。ここでのCOのステップからテラスの移動も同じことである。サイト間のジャンプには、乗り越え

るべきポテンシャルエネルギーの障壁がある。熱平衡にある通常の状態では、この障壁を乗り越えるためには表面原子の格子振動による動きから、エネルギーを吸着種と表面との間の振動に移動させねばならない。すなわち、吸着種と表面の間の振動モードの熱励起が必要である。

しかし、この実験では表面近傍の電子の運動をポンプパルスで励起しているので、通常の熱平衡にあるわけではない。そこで、ここでのCO分子の表面移動のシナリオは次のようになる。まず、ポンプパルスを吸収した表面近傍の電子の温度が急激に上昇する。これにより激しく運動をする表面の電子が吸着しているCO分子に衝突して図4.39に示したCOと表面原子との間の振動運動にエネルギーを与える。このエネルギーが隣の吸着サイトに移動するためのエネルギー障壁を越えるのに十分な量であれば、分子ははじめてサイト間をジャンプする。

さて、このシナリオの中で分子と表面との間の振動としたが、図4.39に示した中のどの振動が表面の高温の電子からエネルギーをもらい易く、そして分子の移動に最も寄与するだろうか。

分子の移動は表面平行方向に起きるので、常識的にはその方向に揺れる束縛並進モードが最も有力な気がする。ところが、このモードは表面の電子との衝突によってエネルギーをもらうのが苦手で、むしろ束縛回転モードの方が容易に電子からエネルギーをもらうことができるということが、実験および理論的な研究からわかってきた。

どの振動モードがサイト間ジャンプに有効かという点に

第4章　固体表面における分子の動き

ついては、ステップにいた CO 分子がテラスに移動する時間が 1 ピコ秒以内に起きるという結果がキーとなっている。すなわち、理論的にはこのような時間スケールで電子によって十分温められるモードとしては、束縛回転モードしかないとされている。このため、上記のシナリオをもう少し詳細に書くと、高温の表面電子は CO との衝突によってまず束縛回転モードに急激にエネルギーを供給し、このモードが CO の隣のサイトへのジャンプを促すということになる。ただし、このシナリオはまだ完全に証明されているわけではないので、さらなる研究が必要である。

　このシナリオの真偽はともかくとして、本節で紹介したように超短パルス光を用いたポンプ-プローブ法により、現在では表面での吸着分子の運動を時間を追って観測できるようになっている。まさに表面での原子・分子の動きの超高速のコマ撮りが可能になってきていることを、ここでは改めて強調しておきたい。

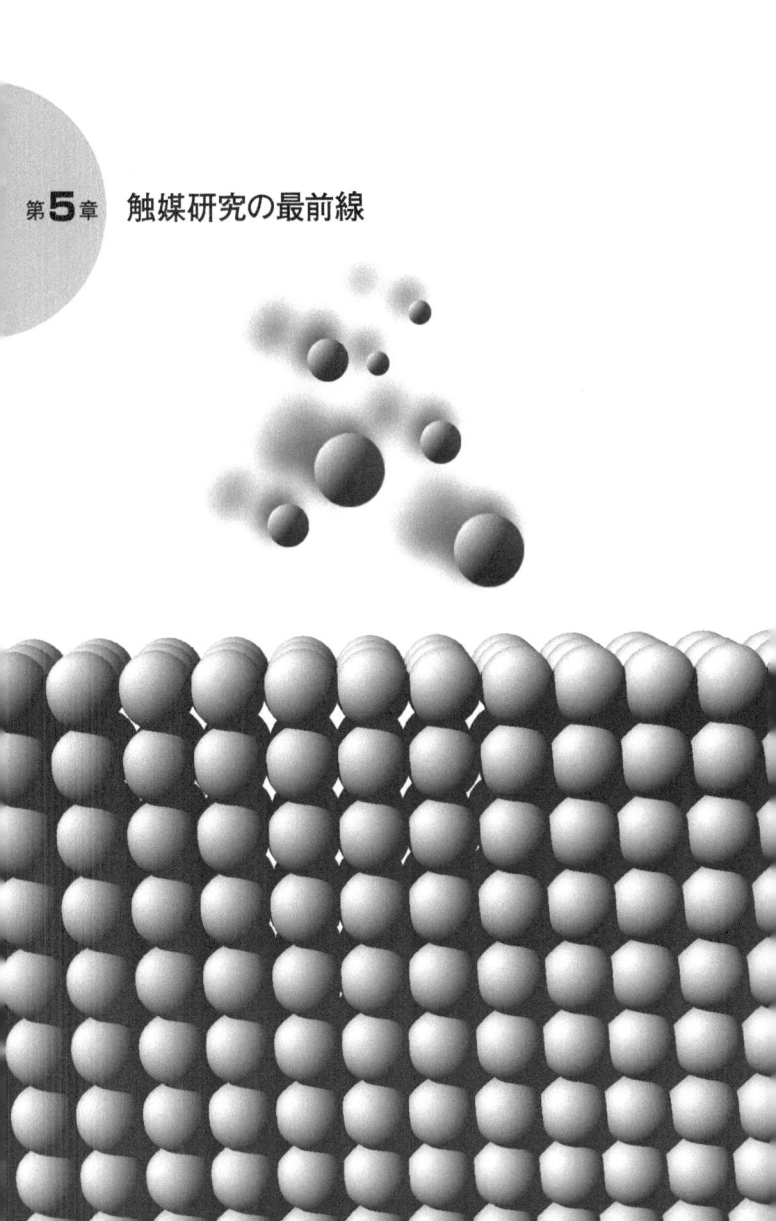

第5章 触媒研究の最前線

5.1 触媒というブラックボックス

　前章では、固体表面上で原子・分子がどのように運動しながら吸着、脱離、表面拡散、そして化学反応をするかについて、いくつかの例を挙げて説明した。このように、表面上での吸着種の運動の様子を空間的にも時間的にも究極の分解能を持って観察・観測することができるようになった。ハーバーやボッシュがアンモニア合成を成功させて約100年の歳月が流れ、私たちは表面での反応の様子をやっと分子レベルでとらえられるようになった。

　しかし、これで触媒反応を分子レベルで本当に理解したことになったのだろうか。実は、超高真空下における表面上での素過程の分子レベルでの理解が進んだのは表面科学分野の成果であるが、触媒、および触媒作用の本質を本当に分子レベルで理解するための道はまだ遠い。

　今までの表面科学研究のどこに問題があるのだろうか。触媒反応における分子の動きや反応の経路を分子レベルで真に理解するためには、どのような困難に打ち勝っていかねばならないのだろうか。そして、それに向けてどのような努力が現在成されているのだろうか。本章ではこの点についての現状、すなわち、触媒研究の最前線について述べる。

■観測の方法

　前章ではSTM、赤外光やレーザー光を使った分光法などの観測方法を紹介し、それらから得られた金属表面上の

吸着種の様子について述べた。そこで、触媒反応の理解を阻んでいる問題は何か、また、それに対してどのように対処しようとしているかという本章の主題について例を挙げて説明する前に、観測の方法について少し一般的に考えてみよう。

　触媒に限らず、あらゆる科学研究の対象となるものは、「わけの分からないもの」である。これは当たり前で、最初からよく分かっているものであれば研究対象とはならない。このわけの分からないものを通常**ブラックボックス**と呼ぶ。特に、ブラックボックスが原子・分子のように微視的な世界に属するものから成り立っている場合、私たちは自分の五感で直接このボックスの中がどうなっているかを知ることができない。それでは、どうすればその中身を知ることができるだろうか。

　この目的のための一般的な対処方法は、まず何らかの刺激をそのブラックボックスに与え、その応答を観察するということである。

■チューリングテスト

　刺激・応答という組み合わせでブラックボックスから情報を得ようとするのは、なにも原子・分子のような微視的なレベルでの問題に限らない。例えば、現代のコンピュータの発展は著しく、人工知能の発展が今後の人間社会に大きな影響を与えると予想される。そこで、覗くことができない部屋の中に人間か、あるいは、人工知能を持ったロボットが入っているとしよう。文字通り外から覗くことがで

きないのだから、私たちはそこにいるのが果たして人間なのか、あるいは、人工知能を持ったロボットなのかはわからない。したがって、これはブラックボックスである。

どうすればそのブラックボックスにいるのが人間かロボットかを判定できるだろうか。これは、機械は思考できるのかといった哲学的な問題である。アラン・チューリング（Alan Mathison Turing）によって考案された判定テスト（「チューリングテスト」）では、箱の外の観察者は、メールで様々な質問（刺激）をブラックボックス内に送り、その回答（応答）を分析して判定することになっている。

■ **ブラックボックスを解き明かすプローブを探す**

そこで、原子・分子のブラックボックスのことを知るためには、やはり何らかの刺激を観測対象に与え、その応答を吟味しなければならない。この刺激・応答はプローブと言い換えることもできる。プローブとはもともと物事を探るための針、すなわち探針という意味である。チューリングテストの場合はメールがプローブである。また、前章で述べたポンプ－プローブ法もこの考えにのっとっている。

いろいろなプローブがあるが、知りたいことによってプローブの内容を変えねばならない。もちろん、私たちは表面にいる原子・分子にメールを送るということはできない。その代わりに、図5.1に示したようにいろいろなものを対象にぶつけてみる。すなわち、プローブの種類としては光、電子、イオン、中性原子・分子などが考えられる。そして観測対象からの応答もこれと同じ種類のものがあ

第5章 触媒研究の最前線

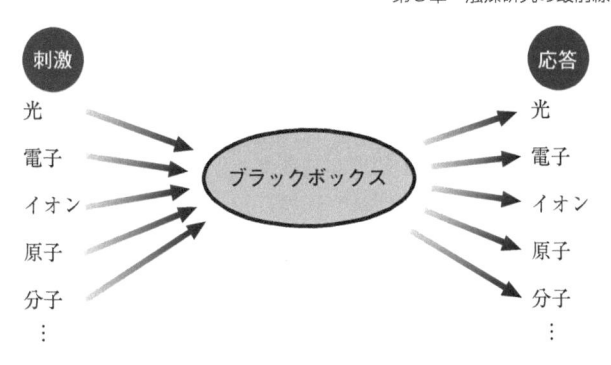

刺激: 光、電子、イオン、原子、分子 … → ブラックボックス → **応答**: 光、電子、イオン、原子、分子 …

図5.1 ブラックボックスを探る、いろいろな刺激と応答

る。

ただし、観測対象が光を受け取ったら必ず光を応答として返すとは限らない。光を受け取った系が電子をその応答として返す場合もあるし、イオン、中性原子・分子を返す場合もある。また、観察者がいくつもの応答の中のどれかに集中して観察する場合も多い。

例えば、光を照射して観測対象から発生する電子を観察する方法を光電子分光、光を照射して系がどれくらいその光を吸収するかを観測する方法を吸収分光などという。したがって、刺激とその応答の組み合わせの数だけ異なる測定方法があるといえる。また、1つの刺激に対して複数の種類の応答を同時に測定するという方法もある。もちろん、多種類の応答を同時に測定できれば、より精緻な情報を得ることができる。

5.2　表面科学と触媒との間の深い溝

5.2.1　プレッシャーギャップ

それでは、表面科学的な手法を用いて触媒反応機構を理解しようとする場合、何が問題になるのかについて考えよう。

最初の問題は触媒反応が進行する気体の圧力である。第1章で記したように、例えばアンモニア合成は20 MPa（約200気圧）もの高圧と500℃にも及ぶ高温のもとで触媒反応を起こさせる。これに対して表面科学の手法は10^{-8} Paと15桁も小さな圧力条件下での反応を対象としてきたし、温度も室温から数Kと極低温を扱う場合が多い。

表面科学がこのような超高真空にこだわるのは、第3章で述べたように、観測中に表面をできるだけ清浄に保つためだった。このお陰で、表面での吸着種の構造や性質を他の不純物に邪魔されることなく明らかにすることができるし、表面で起きる吸着や脱離といった基礎的な過程における分子の動きの情報を分子レベルで得ることができた。これらはすべて表面反応という一筋縄ではいかない複雑な過程をできるだけ簡単な過程に分離して、それぞれを個別撃破することにより全貌を知ろうとする、還元主義にのっとった戦略である。

これに対して実際の触媒反応が起きる高圧のもとでは、超高真空の条件に比べて単位時間あたりに桁違いに多くの分子が表面に衝突をし、表面原子とエネルギーをたえずやりとりしている。吸着している分子も気相からくる分子と

の衝突により、頻繁にエネルギーを得て、決して一ヵ所にとどまっているわけではない。

　表面を構成する原子の配列も、超高真空の条件では不安定と思われていた構造が、実は高圧下では比較的安定に存在できるようなことも起き得る。現実の表面にはステップやキンクがあり、低温ではこのような欠陥サイトにある金属原子はその場所にとどまっているかもしれないが、高温になればステップから離れてテラス上で運動し、次のステップに移動するようなことが頻繁に起きる。まして、固体表面が水のような液体に浸されているような状況は、表面と分子との相互作用のみならず分子同士の間の相互作用が重要な役割を果たす。

　このような高温・高圧が、実際の触媒反応が起きている条件なのである。この状況は、超高真空の条件とは全く異なり、超高真空では到底起きないような現象が起きているかもしれない。このような圧力の違いに起因する問題を**プレッシャーギャップ**と呼んでいる。つまり、現実の触媒の反応での気体の圧力と超高真空実験での気体の圧力には大きなギャップがあるところから、このように呼ばれている。したがって、触媒反応を分子レベルで本当に理解するためには、この圧力ギャップを埋めなければならない。

5.2.2　マテリアルギャップ

　もう1つの問題は、現実の触媒表面と表面科学で扱う試料表面の違いである。表面科学は、できるだけ金属表面の構造を簡単なものにし、吸着サイトをしっかりと規定する

ために、単結晶をある角度で切り出した表面を扱う。したがって、その表面はたいへん周期的できれいにそろった原子配列を持つものである。これに対して、第3章で述べたように、実際の触媒というのはシリカやアルミナ（それぞれ、シリコン、アルミの酸化物）などの微粒子の表面に担持された金属の粒子である。

担持された金属粒子はマイクロメートル（μm）以下の小さな粒子であるため、触媒表面は決して1つの結晶面からできているわけではない。また、表面原子配列は乱れ、欠陥やステップなどが多数存在すると考えられる。場合によってはこのような表面の不均一な状況が、触媒反応を有効に進める上で、たいへん重要な役割を果たしているかもしれない。このように、理想的な単結晶表面からは程遠い状況にある実用触媒表面との差を、**マテリアルギャップ**と呼んでいる。

5.2.3　ギャップ克服の試み

そこで、このようなプレッシャーギャップ、マテリアルギャップという表面科学と実用触媒との間のギャップを克服し、触媒が実際に動作している環境により近い条件のもとで研究しようとする試みが最近行われるようになった。

5.1節で、刺激と応答の組み合わせで多くの測定法があると述べたが、この中で、光をプローブとして観測対象からの光の応答を得る方法は、フォトンイン - フォトンアウト（photon-in photon-out）といわれる。この方法は、対象とする系が高圧であっても光がその高圧の気体に吸収

されない限り有効なので、超高真空から高圧まで測定条件が広く、実際の反応条件で進行している系への適用ができる重要な手法である。

しかし、フォトンイン‐フォトンアウトの方法だけで、すべて知りたいことが揃うわけではない。そのためには、他の方法に工夫を凝らして、なるべく実際の反応条件か、あるいはそれに近い条件下で測定できるようにしなければならない。次節からは、プレッシャーギャップやマテリアルギャップを克服するいくつかの試みについて述べる。

5.3 高圧下での表面の構造

5.3.1 CO雰囲気下の白金表面：高圧STMによる観察[11]

前章では、白金単結晶の平坦な(111)面やステップやテラスがある階段状の表面でのCOの吸着や表面上での運動について述べた。ここでは、一挙に触媒として用いられる金属粒子で、かつ高圧という条件を課すのではなく、このような単結晶表面でもCOの圧力を高くしていくと、大きな構造変化を起こす結晶表面があることを示そう[11]。

表面の原子配列の観察には、前章で原理を述べた走査型トンネル顕微鏡（STM）を用いる。ただし、超高真空ではなく、かなり高い圧力のCO気体の下での観察である。STMは探針と試料表面とのわずかな隙間に流れるトンネル電流をプローブとするため、気体の圧力にはそれ程影響を受けない。したがって、後述する電子顕微鏡などの手法

に比べると、測定上に深刻なプレッシャーギャップはない。

　最も平坦な白金（111）面に100 TorrまでのCOを曝した場合、この表面の白金原子の配列はまったく変化しない。これは、この面がきわめて安定であることを意味している。したがって、このような安定な表面で起きる反応ならば、超高真空条件で詳細に調べられたことがらは、ほぼそのまま高圧条件下でもあてはまるであろう。少なくとも表面原子配列の変化は考えなくてもよい。

　しかし、前章で扱った白金（533）とよく似た白金（557）面のように、階段状の構造を持つ表面ではこの状況が一変する。この表面は超高真空の条件下では、白金原子6原子幅（1.2 nm（ナノメートル　n：10^{-9}））の（111）面のテラスが、1原子の高さのステップを持って階段のように並んでいる（図5.2(a)）。ところが、COを導入しその圧力をわずか0.1 Torr以上にすると、図5.2(b)に示すように大きな表面原子配列の変化が起きる。すなわち、平行なテラス構造が壊れて、約2 nmの大きさを持った三角形状のテラスに変貌する。そして、隣接するテラスは互いにステップで仕切られている。

　どうしてこのような大きな表面構造の変化が起きるのだろうか。高圧下ではCOがびっしりこの表面上の白金原子に吸着している。COの被覆率があまりに高いと、隣り合うCO分子間の距離が小さくなり、CO分子は反発しあって互いに避けようとする。この反発力を低減するためには、なるべく隣にCOがこないような配置をより多く作ら

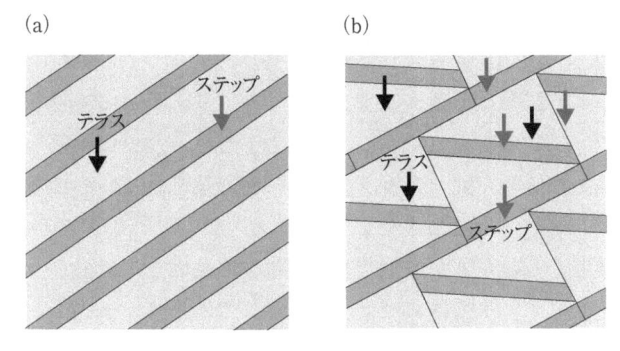

図 5.2 白金 (557) 表面の構造
(a) COに曝す前 1.2 nm幅の (111) 面が規則正しく並んでいる
(b) 1 TorrのCOに曝したときの構造。約2 nmの大きさの三角形状のテラスが並んでいる [11]

ねばならない。ステップはテラスの端だからテラスの中に比べてより広い空間がある。したがって、この反発によるエネルギーの上昇を抑えるためには、ステップの数を多くすることが有効である。しかし、白金原子としてはステップのように周りの白金原子の数が少ない、すなわち配位数が少ないとより不安定になるので、ステップを増やすとむしろエネルギーは上昇してしまう。この2つの相反する要因の折り合いをつけたのが、この三角形状のテラスを多く持つ構造である。

このような構造変化は、満員電車に詰め込まれた乗客を思い起こしてみるとある程度実感できる。駅に着いて大勢の人が乗り込んできた際には戸口付近ではたいへん混み合い、乗客の密度はその部分で大きくなる。また、乗客は顔

と顔をつきあわせるような状態は気まずいので、なるべく自分の前側が隣り合う乗客の後側か、少なくとも側面になるように移動しようとする。つまり、乗客間には反発力が働いている。そこで、この反発力を避けるために移動しようとするのだが、ぎゅうぎゅうに詰め込まれている状態では、それこそ身動きができない。

　しかし、電車が走りだすと電車は揺れ出し、乗客も揺れを感じる。この揺れが重要である。この揺れによって乗客はより気分のよい、すなわちエネルギーの低い安定な状態へと相互の間隔や向きを調整することができる。その結果、戸口付近の乗客の一部は車内のより奥の方に移動できるため、戸口での密度は低下する。

　この車両の揺れは、表面における原子・分子の振動に対応している。つまり、ある有限の温度に保たれた原子・分子は、その温度で定まるエネルギー分布にしたがって運動をしている。この熱運動を使って吸着したCO分子は表面の白金原子の位置や配列を変化させ、最初とはまったく異なる三角形状テラスを持つ構造に至る。

　このように、手で触ることができる巨視的な世界にある白金の単結晶でさえも、表面にステップがあると、反応性のガスの吸着によって大きく表面構造を変えてしまう。まして、実際に工業的に用いられる触媒は、前述したように数百nm以下のナノ粒子であり、その表面にはステップや欠陥が多くある。したがって、実際に触媒反応が起きている場合、金属触媒の表面は反応前に比べて原子配列を大きく変える可能性が高い。次に、まさにその例を示そう。

5.3.2　銅ナノ粒子表面の構造変化：雰囲気下電子顕微鏡による観察

　数百 nm 以下の大きさである実用触媒の粒子形状のみならず、その粒子内の原子配列がどのようになっているかを知ろうとすると、何らかの顕微鏡が必要である。ここで述べるのは、高速の電子をプローブとする電子顕微鏡である。

　顕微鏡の原理は難しくはない。通常、顕微鏡というと光学顕微鏡を思い浮かべるかもしれない。図5.3 (a) に示すように、これは文字通り光を試料に照射して、試料をくぐり抜けてきた光を検出する。そのとき、対物レンズと投影レンズの2枚により結像された試料の像を観察する。この2つのレンズの倍率の組み合わせにより、拡大された像が得られる。

　光を用いる場合は、通常、光の波長以下の対象物を区別して見ることはできない。したがって、可視光を使うとだいたい1μmか、それよりも少し小さなものを識別することができる。

　電子顕微鏡もその原理は光学顕微鏡と同様で、光の代わりに電子線を試料にあて、それをすり抜けてきた電子により試料の像を得る（図5.3 (b)）。電子は光と違って負の電荷を持っているので2つの電極間の電圧差を利用して加速することができる。つまり、光のエネルギーよりもはるかに高いエネルギーの電子線を得ることができる。

　電子は電荷を持った粒子と考えられるが、実は波として

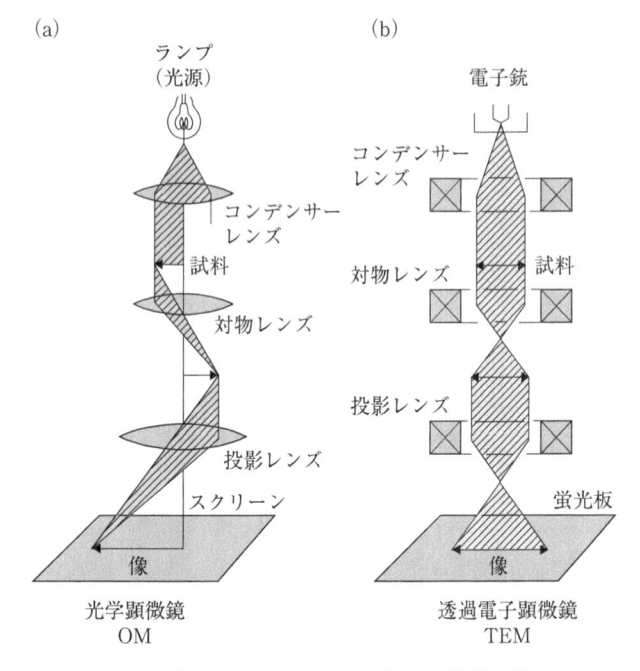

(a) 光学顕微鏡 OM
- ランプ(光源)
- コンデンサーレンズ
- 試料
- 対物レンズ
- 投影レンズ
- スクリーン
- 像

(b) 透過電子顕微鏡 TEM
- 電子銃
- コンデンサーレンズ
- 対物レンズ
- 試料
- 投影レンズ
- 蛍光板
- 像

図 5.3 (a) 光学顕微鏡と (b) 電子顕微鏡の原理

の性質も持っている。これを**物質波**、あるいは**ド・ブローイ波**という。その波長は $\lambda = \dfrac{h}{mv}$ の関係がある。ここで、h はプランク定数、m は電子の質量、v は電子の速度である。この関係から電子の速度が増す程、その波長が短くなることがわかる。したがって、加速した電子はより細かいものまで「見る」ことができる。これは電子という軽くて電荷を持つものをプローブとした利点だが、それ故に問題もある。

電子は光に比べると気相中の分子と衝突して、はるかにその影響を受け易い。つまり、気相分子との衝突によって電子が跳ね飛ばされ、エネルギーを失う確率は高い。このため、電子が通る経路に多量の気相分子が存在する（すなわち気体の圧力が高い）と物質の像が見にくくなるし、また物を分解して見る能力（空間分解能）が劣化する。したがって、電子顕微鏡内の電子が通る道筋は通常、高真空に保たれ、気相中の分子との衝突を最小限に抑えるようにしてある。この理由から、表面科学の実験と同様触媒が働いているような高圧の条件下で触媒の電子顕微鏡像を得ようとするのはたいへん困難である。

■雰囲気下の電子顕微鏡[12]

しかし、このような困難を乗り越えるのが科学者である。触媒反応が実際に起きる条件に近い状態を表すのに、よく「雰囲気下」という語を冠する場合がある。すなわち、反応ガスの雰囲気下という意味である。そして、このような条件下で動作する顕微鏡を雰囲気下電子顕微鏡という。

さて、気体分子と高速で走ってくる電子との衝突の影響を抑えるということと触媒試料の近くには十分に高い圧力の気体が存在しなければならないという相反する要件をどのようにすれば満足させられるだろうか。

この問題の克服には、電子が高圧の気体とともに存在する試料を通過する距離をできるだけ短くするという、しごく当たり前のことをしてやればよい。このためには、高圧

の気体が必要な試料近辺の領域とそれ以外の領域を分割し、その試料近辺の領域をできるだけ薄くする必要がある。つまり、試料と反応気体を封じ込めるとても薄い部屋を用意し、これを電子顕微鏡内の電子の通路に挿入すればよい。

雰囲気下電子顕微鏡の開発の初期では、この試料用の部屋（試料室）と電子顕微鏡の高真空の領域を隔てるための窓板をできるだけ薄くすることにより、電子を容易に透過させることが試みられた。しかし、これはあまりうまくいかなかった。つまり、試料室の外は高真空なので、この板を薄くしすぎると試料室の中の反応気体の圧力と電子顕微鏡内の高真空との差圧で薄膜が破損してしまう。また、どうしても試料に加えてこの2枚の薄膜の窓を電子が透過しなければならないので、薄膜中の原子による電子の散乱のため顕微鏡の分解能は上がらない。つまり、原子配列がくっきり見えない。

そこで、この邪魔な薄膜の窓を取り外してしまいたい。当然、取り外すと試料室内外を隔てる窓がなくなるので、反応ガスを試料の部屋に閉じ込めようとしてもこれは電子顕微鏡内に充満してしまう。これでは、試料の周りを高圧に保てない。そこで、この障害を乗り越えるために工夫されたのが図5.4に示した方法である[12]。つまり、試料の上下に2枚ずつ小さな穴の開いた板を配置し、電子線をこの穴に通して直接試料にあてる。単なる穴なので電子は何の障害もなくこれらの穴を通過することができる。

ただし、板には穴が開いているので試料周りの気体はこ

第5章　触媒研究の最前線

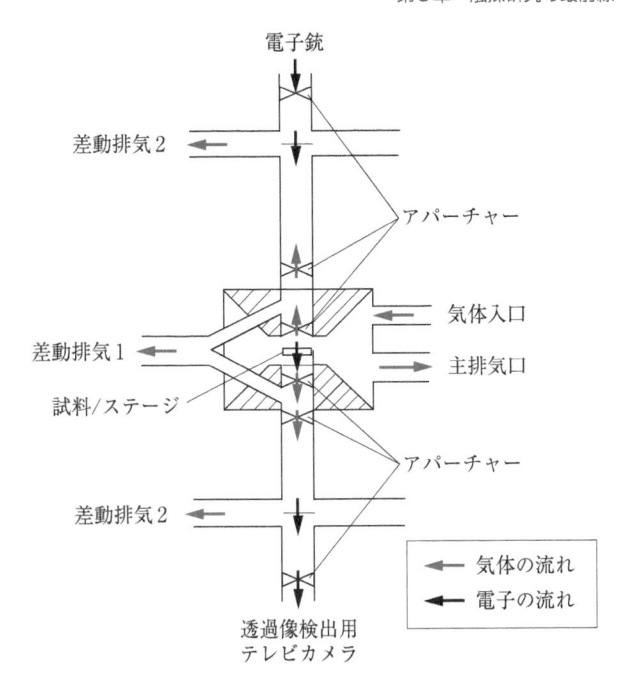

図5.4　雰囲気下電子顕微鏡の原理 [12]

（図中ラベル：電子銃、差動排気2、アパーチャー、気体入口、差動排気1、主排気口、試料/ステージ、アパーチャー、差動排気2、透過像検出用テレビカメラ、気体の流れ、電子の流れ）

の穴を通して漏れ出る。この漏れ出た気体が電子顕微鏡内に充満しないようにするためにはできるだけ漏れを小さくする。すなわち、穴の口径を小さくするとともに、それぞれの穴付きの板で囲まれた部屋を別途に大きな排気ポンプで強制的に排気する。穴の大きさが小さいほど、漏れ出るガスの流量は少なくなるので、部屋と部屋との間の圧力差を大きくすることができる。このようにして試料室の圧力をある程度高く保っても、高速の電子が通過する大部分の

経路の気体の圧力を十分下げることができる。このような工夫を差動排気という。

■反応性ガスの圧力下での銅ナノ粒子の形状変化[13]

雰囲気下電子顕微鏡を用いた研究例として、反応性ガス存在下での銅ナノ粒子に関する研究[13]を紹介しよう。銅はいくつかの工業的に有用な反応について触媒作用を示す重要な物質である。例えば、最も簡単なアルコールであるメタノールを一酸化炭素と水素から作るメタノール合成

$$CO + 2H_2 \rightarrow CH_3OH \qquad (5.1)$$

によく用いられる。

触媒としては銅のナノ粒子も酸化物に担持して使用される。ナノ粒子はいろいろな原子配列を持つ表面で囲まれているし、どのような表面がメタノール合成反応に最も有効なのかは重要な問題である。しかし、それを知るためにも高圧下で銅ナノ粒子がどのような構造をしているのか、また反応性ガスに曝すとその構造はどのような変化をするのかを、まず明らかにする必要がある。

そこで、酸化亜鉛やシリカに銅ナノ粒子を担持して、まず水素分子の圧力下でその構造を雰囲気下透過型電子顕微鏡で観測をしてみたところ、図5.5(a)に示すようにナノ粒子は（111）面と（100）面でほぼ囲まれていることがわかった。

ここにH_2O、すなわち水蒸気を少し混入してみると形がずいぶんと変化する（図5.5(b)）。どう変わったかとい

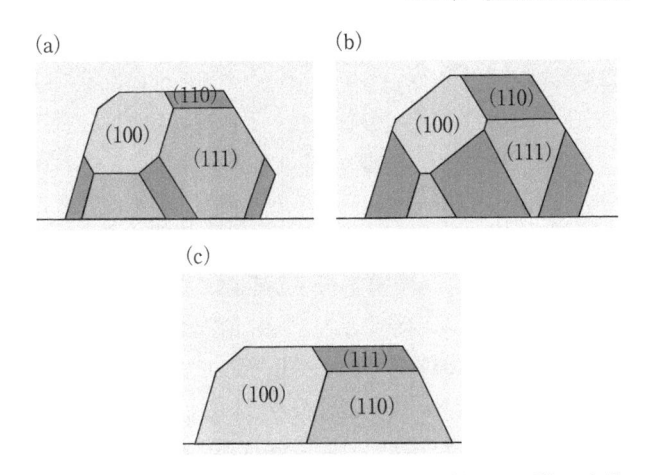

図 5.5 反応性ガス存在下における銅ナノ粒子の形状の変化
(a) 1.5 mbar H_2 (b) $H_2 : H_2O = 3 : 1$　全圧 1.5 mbar
(c) $H_2 : CO = 95 : 5$　全圧 5 mbar　温度はすべて220℃ [13]

うと、三角形の（111）面の領域が小さくなる代わりに、四角形の（100）面や（110）面の割合が相対的に増えている。水蒸気に曝したので、水分子が銅ナノ粒子表面に吸着するのだが、水分子の吸着する強さは銅表面の銅原子の配列によって異なる。すなわち、水分子は（100）面や（110）面との相性がよく、この面に吸着することにより自由エネルギーをより低くすることができる。この結果、ナノ粒子はできるだけこれらの面を広く持った構造へと形状が変化するのである。

　高温で水が存在すると、銅表面は酸化されやすい。銅を水分のある大気中に放置すると、錆が出て表面が緑色になることは、古い建造物に使われている銅板を見ればよくわ

かるだろう。ここでの実験条件下ではまだ銅の表面が酸化されるところまではいっていないが、その前の段階ではこのような銅ナノ粒子の形状変化が起きている。

次に、この状態で今度は H_2O を追い出し、また水素分子のみを含んだ気体を導入すると、銅ナノ粒子はまたその形を変えて、元の形状に戻ってしまう。このことから、銅ナノ粒子の構造は反応性の分子が存在する状態では変形してしまうが、これがなくなると元に戻ることが分かった。このため、反応の前後に銅ナノ粒子の形状を観察したのでは、反応中の構造の変化には気がつかないだろう。すなわち、本当に反応性ガスに高圧で曝している最中で構造観察をしない限り、銅触媒の形状の正確な情報は得られないということである。

さらに、メタノール合成のときのように水素に一酸化炭素を混ぜた気体にこのナノ粒子を曝すと、大きな構造変化をして全体に厚みが薄くなってしまう（図5.5(c)）。CO分子は、この分子の酸化反応でも述べたように相手から酸素を引き抜き、自分はより安定な二酸化炭素になろうとする性質がある。このように相手から酸素を引き抜く反応を**還元反応**という。

この還元雰囲気下で観察された銅ナノ粒子の構造変化は、むしろ銅ナノ粒子よりもそれが担持されている下地である酸化物（ZnO）の酸素との反応の結果だと考えられている。つまり、COが銅ナノ粒子の周りのZnOから酸素を引き抜いてしまうので、銅ナノ粒子の周辺には酸素原子がいなくなり、剥き出しになった亜鉛原子が多くなる。こ

れが銅とより強く結合をする。このため、銅ナノ粒子は下地との接触面積をより広くするように変形するので、全体としては平坦な形状となる。

このように、触媒機能を担う金属ナノ粒子がどのような環境に置かれるかによって、その形状が大きく影響されることがわかるし、反応物が実際に存在する状況での構造を知ることがいかに重要であるかが理解できるだろう。

5.4 高圧下での表面反応

5.4.1 雰囲気下光電子分光

以上、電子顕微鏡やSTMのように直接触媒の形状を高圧下で調べる方法で、高圧の気体の下での金属表面や金属ナノ粒子の形状変化を調べた例について述べた。これらの方法はまさに触媒の形状変化を見るのにはたいへん強力な方法であるが、触媒表面が反応中にどのような化学組成になっているのかなどに関する情報を得ることはできない。そこで、このような目的にかなう測定方法について考えてみよう。

3.6節において、原子における電子軌道のことを説明した。電子の軌道により電子のエネルギーは異なるのだが、重要なことは原子核に縛りつけられている電子のエネルギーは任意の値をとることができず、軌道ごとにある決まった値しかとれないということである。これは、私たちが実感している世界での物体の運動を支配しているニュートン力学（古典力学）とは大きく異なっている。

私たちは巨大な質量を持った地球との間の重力が働いている空間に住んでいるが、私たち自身が走ったり、自動車を走らせたりする際に、その速度は連続的に変えることができる。しかし、原子核との引力（クーロン力）が働いているある限られた空間に閉じ込められている電子や原子核は、量子力学という力学にしたがって運動しているため、その速度（運動エネルギー）を連続的に変化させることができない。すなわち、ある決まった飛び飛びの値のエネルギーしか持てない。

　それでは、重い原子ほどたくさんの電子を有しているが、個々の電子のエネルギーはその軌道によってどのように異なるのだろうか。おおまかにいうと、原子核の近くに存在する確率が高い電子ほど低いエネルギーを持ち、原子核から遠い所に存在する確率が高い程、そのエネルギーは高くなる。これは、原子核に近い程、原子核が持っている大きな正の電荷による引力を受けるのに対して、原子核から遠くなるとその電子と原子核との間には多数の他の電子が存在するため、外側の電子はこれらの電子ごしに原子核の正電荷を感じるので、正味に感じる正電荷の量は本来原子核が持っているものの一部となる。つまり、その電子より内側の電子によって原子核の正電荷のかなりの部分が打ち消されてしまう。

　このようにして原子核と電子からできている原子に、高速に加速した電子やイオンを衝突させたり、光を吸収させたりすると、原子内の電子が真空中に飛び出してくる。原子・分子の中にある電子を原子核から引き離して真空側の

無限に遠い距離まで持ってくるのに必要なエネルギーを、**イオン化エネルギー**とか**イオン化ポテンシャル**という。したがって、イオン化ポテンシャルを超えるようなエネルギーを光で与えると、原子・分子は

$$M \rightarrow M^+ + e^- \qquad (5.2)$$

と正電荷を持ったイオン M^+ と電子 e^- になる。このように、光によって電子を飛び出させることを**光イオン化**といい、光でイオン化した際に真空側に飛び出す電子を**光電子**という。

図5.6に光イオン化の過程を模式的に示す。イオン化エネルギーを IP とし光のエネルギーを E_p とすると、真空側に飛び出してきた電子は

$$E_k = E_p - IP \qquad (5.3)$$

の運動エネルギーを持って飛び出す。このように、ある一定のエネルギーの光を照射した結果、生じる光電子のエネルギー分布とその強度を測定する方法を**光電子分光**という。

それでは、この光電子を利用すると、どんなことがわかるだろうか。もう一度、電子の軌道とそのエネルギーとの関係を振り返ってみよう。

元素が異なると、当然原子核の正電荷の量が異なる。ということは、原子核に最も近い電子（1s軌道）に注目すると、そのエネルギーは正電荷の量、つまり元素によって異なる。したがって、このような電子のエネルギーは元素

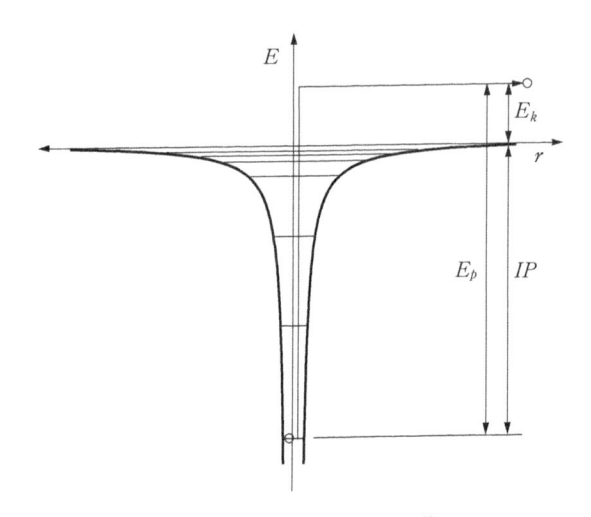

図 5.6 原子の光イオン化
横軸は原子核からの距離 r、縦軸はエネルギー E、E_p は光のエネルギー、IP はイオン化エネルギー、E_k は真空中に飛び出した光電子の運動エネルギー

固有である。例えば、炭素および酸素の1s軌道の電子をイオン化するのにはそれぞれ 284 eV（エレクトロンボルト：電子1個を1 Vで加速させた時のエネルギー量）、582 eV である。この性質を利用すると原子からの光電子のエネルギーを測定することにより、注目する物質やその表面にどんな種類の原子がどれくらい多く存在するかを知ることができる。

この他にも光電子のエネルギーを測定することにより、注目する原子が周りの原子とどのような結合を作っているかということもわかる。例えば、金属原子が酸素と結合し

ているとしよう。酸素原子は電子を引き付ける力が強いので、金属原子が酸素と結合すると金属をとりまいていた電子の一部が酸素側に移動する。この結果、金属原子核の周りの電子密度が小さくなるため、原子はいわば少しだけ正に帯電する。このため、電子を真空中に飛び出させるにはこの余分な正電荷との引力に打ち勝たねばならない。すなわち、より大きなエネルギーが必要となる。したがって、酸化されていない金属のイオン化により真空中に飛び出す電子のエネルギーとは異なるエネルギーを持った電子が、酸化された金属電子から飛び出してくる。このエネルギーの差を**化学シフト**という。

原子核に最も近い電子を、原子核から引き剝がすためには、ここまで述べてきたように大きなエネルギーが必要である。そのため、照射する光のエネルギーも十分大きくなくてはならない。光のエネルギーは波長に逆比例するので、より短波長の光、つまりX線が必要である。このようにX線を用いて原子をイオン化し、飛び出した光電子のエネルギーを測定する方法をX線光電子分光という。

■雰囲気下での測定への工夫[14]

さて、X線光電子分光で原子の種類、密度、そして原子が周りの原子とどのように結合しているかという化学的な環境についての情報を得ることができることがわかった。この分光法で測定するのは光電子のエネルギーとその量なので、やはり反応雰囲気のように高圧の反応ガスと接している表面の場合、表面から飛び出す光電子と気体中の分子

との衝突が問題となる。電子顕微鏡のところで述べたように、表面から飛び出した電子が検出器に入る前に気体分子と何度も衝突すると、そのたびにエネルギーを失ってしまい、正確な値を測定できなくなる。

また、光電子分光における信号である光電子のエネルギーは電子顕微鏡の場合に比べてずっと低いし、電子の数だけではなく、そのエネルギー自体が重要な情報なので、気体中の分子との衝突による妨害はより深刻である。したがって、雰囲気下で光電子のエネルギーを正確に測るにはやはり工夫がいる。

この問題の克服方法は、基本的には雰囲気下電子顕微鏡で述べたのと同じ差動排気を用いるということである。それも、問題はより深刻なため、差動排気ももっと大掛かりでより効率的にこれを行う必要がある。これを実現するための差動排気の方法についてはこれ以上述べないが、大掛かりな差動排気により試料の周りは実際に触媒反応が起きる圧力に近い状況に保ちながら光電子分光を行うことができる。このような測定方法を**雰囲気下での光電子分光**という。

5.4.2　パラジウム表面の酸化[15]

雰囲気下のX線光電子分光により解明された面白い例として、金属表面の酸化に関する研究[15]を挙げておこう。前章で金属表面を酸素に曝すと、酸素は表面に吸着するということを述べた。酸素が分子として吸着するのか、あるいは解離吸着するのかは、表面の種類と温度によるが、

第5章 触媒研究の最前線

吸着した原子・分子はいずれも表面上に存在する。

この状態で金属表面を肉眼で観たとしても、酸素吸着する前と比べて金属の光沢が変化するようなことはない。一方、日常生活で目にする金属はどうだろうか。真新しい10円銅貨は金属光沢をしているが、世間にでまわっているうちにくすんだ色になってしまう。銀食器も古くなると表面が黒くなる。鉄も新しい間はピカッと光っているのに、変色してしまう。これらをすべて私たちは金属が錆びると理解している。つまり、大気中に含まれる酸素は全体の約2割もあるし、また水も水蒸気として存在する。これらが金属表面の原子と結合して、鉄の場合は Fe_2O_3 とか銅の場合は CuO などの金属酸化物の層を作ってしまう。

この金属の酸化反応は当然大気中の酸素と直接触れる表面から起きるので、錆びた金属を研磨する、つまり酸化された層を機械的に除去すると、またその下から酸化されていないきれいな金属面がでてくる。

触媒である金属ナノ粒子も、高圧の酸素の雰囲気に置かれると同様なことが起きると考えるのは自然だろう。このように金属が酸化されるということは金属原子の化学結合状態が変わるということなので、前述したようにこの様子を雰囲気下のX線光電子分光で調べればその様子がわかる。ここで、酸化された金属原子の光電子は酸化されていない金属と異なる。すなわち、化学シフトがあることを思い出そう。これを利用すると酸素に曝された金属がどのように酸化されているかを知ることができる。

そこで、パラジウムの表面を酸素に曝すと、酸素の圧力

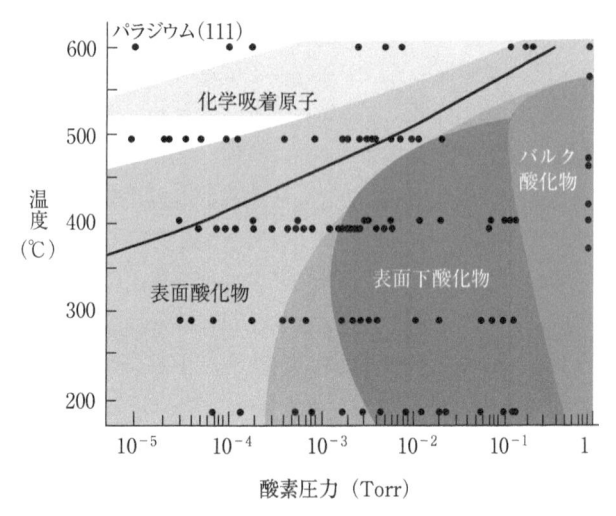

図 5.7 パラジウム (111) 面のさまざまな酸化状態の相図 [15]

と温度によってどのように表面の状態が変化するかを見てみよう。図5.7がPd(111)面について、雰囲気下のX線光電子分光の結果をまとめたものである。横軸に酸素の圧力、縦軸にパラジウム試料の温度がとってあり、いろいろな酸化状態にあるパラジウムがどのような圧力・温度の範囲に存在するかを示してある。このような図を相図という。図5.7の左上、すなわち高温・低圧条件では酸素は吸着せず、表面は清浄なパラジウム (111) 面のままであり、それ以外の温度・圧力では、その範囲に応じて酸素原子と表面近傍のパラジウム原子が図5.8に示すような様々な配列・構造で結合した状態であることを、この相図は示

している。

　まず、圧力の低いところから見てみよう。図5.7の左上の領域にあるように最初、酸素分子の解離吸着によりパラジウム表面に酸素が吸着する。この条件では表面に露出しているパラジウム原子4個に対して酸素原子が1個吸着するとこれ以上酸素が吸着できない、いわゆる飽和吸着という状態になる（図5.8(a)）。しかし、酸素圧力を増してい

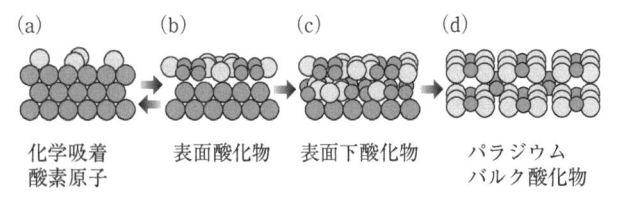

(a) 化学吸着酸素原子
(b) 表面酸化物
(c) 表面下酸化物
(d) パラジウムバルク酸化物

図5.8　パラジウム(111)面のさまざまな酸化状態の構造 [15]

くとパラジウム第1層の中に酸素が割り込んでパラジウムの酸化膜ができる（図5.8(b)）。ただし、酸化膜といっても表面第1層に限られる。さらに酸素圧力を増していくと酸素は表面第1層から下にももぐりはじめ（図5.8(c)）、酸化層の厚さを増していく。そして、より高い圧力ではPdOの酸化膜が完成する（図5.8(d)）。

　このように、金属表面は酸素の圧力下でさまざまな酸化状態をとるので、反応条件下ではどのような表面で実際に反応が起きるのかを知らないと、とんでもない理解の仕方をしてしまいかねない。つまり、超高真空下での情報をそのまま高圧の条件下に適用できない場合があるということ

を、この例が示している。

5.4.3　一酸化炭素の酸化

この雰囲気下でのX線光電子分光のもう1つの適用例として、金属上での一酸化炭素の酸化反応をもう一度とりあげよう。ただし、ここでは雰囲気下なので第4章で述べたCO酸化反応とは異なり、気体圧力がかなり高い条件のもとでの反応である。

4.2.1節で述べたように、この反応は低圧の条件下ではラングミュア・ヒンシェルウッド型の反応形式で進行するが、高圧条件下でも同じ反応形式で反応が進行するのだろうか。実はこの問題に関しては、まだ皆が納得する最終的な結論は出ていない。しかし、学問がどのように進んでいくかを知るためにも、この反応を取り上げるのは意義がある。

まず、前節で述べたように、雰囲気下X線光電子分光での実験結果から、高圧の酸素に曝された金属表面は酸素が解離吸着しているだけではなく、もっと表面金属と強い結合を作り、図5.8(b)に示したように表面にはパラジウムの酸化物の層ができている。

このような酸化物表面では、どのように一酸化炭素が酸化されるのだろうか。いくつかの可能性があるが、1つの可能性は図5.9(a)に示したように、表面に飛来した一酸化炭素がまずこの酸化物を構成している酸素原子と反応してCO_2になるというものである。すると、引き抜かれた酸素が占めていた場所が空くが、気相中から絶えず酸素分子が

(a)　　　　　　　　　　(b)

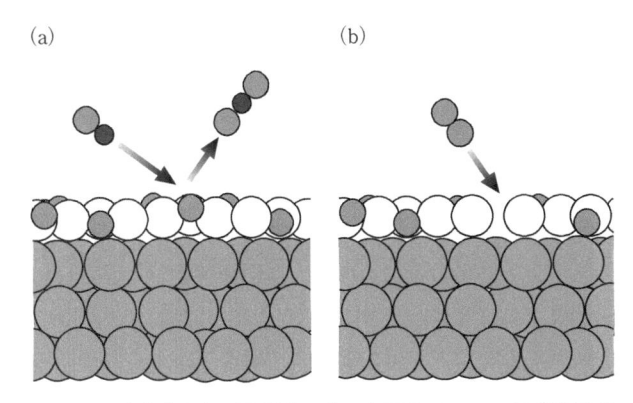

図5.9　酸化されたパラジウム(111)面上でのCOの酸化反応
(a) COが酸化物層中の酸素と結合してCO_2となり (b) 酸化物層中にできた酸素欠陥を酸素分子の解離吸着により埋め戻す

この表面に衝突しているので、図5.9(b)に示したようにこの空きサイトはすぐに気相中の酸素で補充されてしまい、反応前の状態に戻れる。そしてこのサイクルを何度も繰り返すことができる。ここで、一酸化炭素の酸化反応の前後で見掛け上表面の状態は変化していないことに注意しよう。すなわち、まさにこの金属表面は触媒として働いているといえる。

この反応機構に対して、もう1つの可能性は、高圧下でも低圧の場合と同様にあくまでもラングミュア・ヒンシェルウッド型の反応機構で酸化反応が起きるというものである。ただし、ここでは反応物は解離吸着した酸素と一酸化炭素ではなく、酸化された表面上に弱く吸着した酸素分子

と一酸化炭素が反応するというものである。酸素分子が反応物の場合、酸素金属間の結合を切断し一酸化炭素と結合するより、酸素間の結合を切断し一酸化炭素と結合する方が有利である場合が多いので、反応効率は高くなることが予想される。したがって、この機構でも高圧下での非常に高効率な一酸化炭素酸化反応を説明することができる。

先程述べたように、まだこの2つの機構のどちらが正しいのかは決着がついていない。金属の種類によって反応機構が異なることは十分あり得るし、同じ金属でも表面の原子配列が異なる面では反応機構が異なるかもしれない。したがって、今後もっと多彩な研究によりこのあたりの詳細が解明されることが期待される。

5.4.4　合金による触媒反応の活性化

これまでは、触媒作用を示す金属として、白金やパラジウムのように混じり気のない純粋な金属のみを取り上げてきた。それぞれの元素はその電子配置の違いにより触媒作用の種類や効率が異なる。ここでは、このような金属単体ではなく複数の金属を混ぜた、いわゆる合金の触媒作用について考えてみよう。

ワインでもコーヒーでも1種類の葡萄、あるいは1種類のコーヒー豆を用いた単品のものもおいしいが、複数の種類のものをブレンドすることにより、風味、香、味が大きく変化することはよく知られている。もちろん、1足す1が必ずしも2以上になるわけではなく、むしろかえってマイナスに作用することもあるので注意しなければならず、

違う種類のものをブレンドするには職人芸が必要とされる。触媒でも同じことで、数ある金属のどれとどれを混合させて合金にすればよりよい触媒作用が得られるかというのは、学術的にも応用的にもたいへん重要な研究テーマである。

身近にある合金としては黄銅（真鍮）が挙げられる。これは銅と亜鉛との合金で、力を加えて伸ばすことが容易であり、加工もしやすいので給水管などにも用いられている。例えば、五円硬貨も黄銅製である。

2つの金属を単に混ぜれば合金ができるかというと、それほど簡単ではなく、組み合わせによっては混ぜた金属が均質に混じり合わない場合もある。また、合金として存在し得る組み合わせでも、混ぜ合わせる割合がある範囲で決まっている場合もある。

■白金と金との合金による飽和炭化水素の変換[16]

合金を使うことで、どうして触媒能が向上するかということについて、少し触れておこう。炭化水素は文字通り炭素と水素からできた化合物で、C-H や C-C 結合を切断したり、炭素間の二重結合に水素を付加させたり、飽和炭化水素からベンゼンのような芳香族炭化水素に変換したりする反応は重要である。このような炭化水素の物質変換における合金触媒の働きについて考えてみよう。

直鎖ヘキサン（$n\text{-}C_6H_{14}$）は炭素が枝分かれせずに、1つの鎖状に結合した典型的な飽和炭化水素である。白金を触媒としてこの分子を反応させると、炭素鎖が枝分かれし

た炭化水素（異性化反応）、リング状の炭化水素（c-C_5H_{10}）（環化反応）、ベンゼン（芳香族化反応）など、さまざまな分子ができる。このように生成物の種類が多岐にわたっていると、望みの生成物をその中から分離しなければならないので余計な手間とエネルギーを要する。したがって、理想的には望む1種類の化合物のみが生成されるのが望ましい。

この例のように、生成物の種類を限る能力は**触媒の選択性**といわれ、触媒の大切な性能の1つである。そこで、この白金に金を混ぜた合金を触媒として用いるとその選択性が格段に改善されることを示そう。

図5.10はn-ヘキサンから生成されるさまざまな分子種が金を導入することにより、どのようにその割合が変化するかを示した結果である[16]。金との合金を用いることにより、解離反応や芳香族化は抑えられ、逆に枝分かれ分子を生成する異性化反応が増加することがわかる。すなわち、触媒の選択性が大きく向上している。金100%ではどの反応チャンネルも変換効率がゼロとなることから、白金には炭化水素を分解する能力があるが、金にはその能力はないことがわかる。ところが、白金と金の合金を触媒とすると、触媒の選択性が大きく向上する。どうしてだろうか。

これには、合金表面における白金と金原子の配列に鍵がある。反応のサイトとしては図5.11に示したようにいろいろなものがある。この中ではC-H結合を切断するにはホローサイトが最も有効であると考えられる。しかし、このサイトでは1つのC-H結合が切断されるのみならず、そ

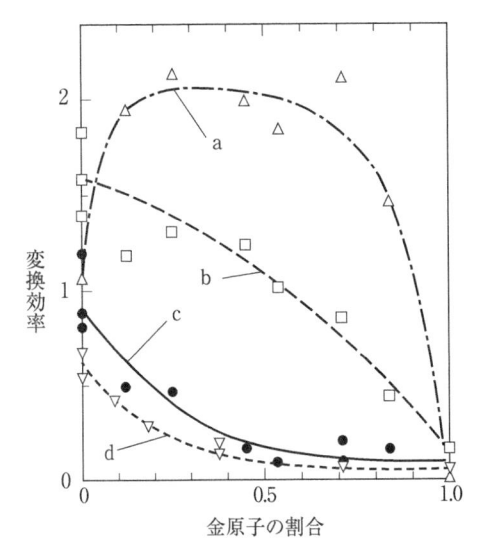

図 5.10 直鎖ヘキサン (n-C_6H_{14}) の変換における金合金の効果
(a) 枝分かれした分子を生成する異性化反応 (b) c-C_5H_{10}を生成する環化反応 (c) 炭素数が5個以下の分子を生成する解離反応 (d) ベンゼンを生成する芳香族化反応 [16]

れ以外のC-H結合をも次々と切断することができる。これは一見変換効率を上げるのに役立つように思えるが、いくつもの種類の炭化水素分子の解離片ができてしまうので、生成物の種類が増えてしまうということを意味している。

　注意しなければならないのは、白金はC-H結合を切断する能力は高いが金にはその能力がないということである。ホローサイトでの反応性が高いといっても、これは白

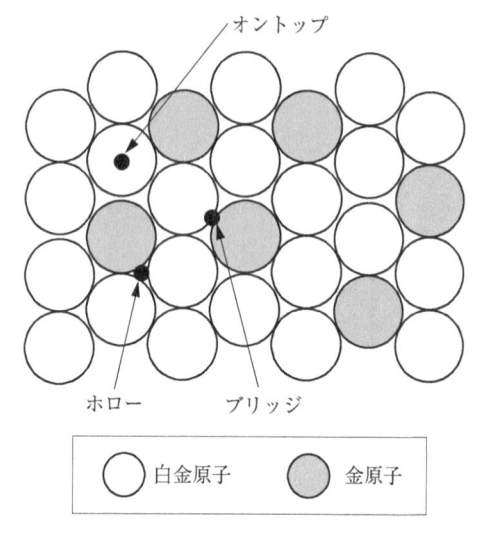

図 5.11 白金と金との合金表面において金原子が白金原子と置き換わることにより白金のみで形成されている反応サイトの数の割合が変化している

金原子が3個集まってできるホローサイトでの反応性である。この3個の白金のうち1つでも金原子に置き換わると、その反応性は低下する。2個の白金原子からできているブリッジサイトでも、このことは同様である。したがって、合金化することにより表面に金原子が入ってくると表面における白金の密度が下がるばかりではなく、異なる反応サイトの数のバランスが変化する。特に、影響を受けるのは図5.11に示したように、より多くの白金原子から構成されるホローサイトである。

すなわち、金との合金により、最も活性なホローサイトの数は減少するが、2つの原子から構成されるブリッジサイトの数はホローサイトほど減少しないし、オントップサイトはほとんど影響を受けない。これが炭化水素分子の解離片の種類を制限できる要因である。

このように反応性の低い金原子との合金をつくることにより、全体としては炭化水素の分解効率は落ちるかもしれないが、その選択性が上がり、トータルとしてはより有効な触媒として機能することができる。このように、反応性のない金による表面原子配列の変化により触媒能を変える現象を、表面金属原子の集合状態が関与しているので**アンサンブル効果**と呼んでいる。

■ロジウムとパラジウム合金による水蒸気改質[15、17]

実用的にたいへん重要な反応として、水蒸気改質というものがある。これは、炭化水素やそのもとである石炭などから水素分子を得る反応で、燃料電池にも、また本書で取り上げたアンモニア合成にも水素は不可欠であり、水蒸気改質の重要性が理解できるだろう。例えば、天然ガスの主成分であるメタンを水と高温で反応させると

$$CH_4 + H_2O \rightarrow CO + 3H_2 \tag{5.4}$$

のように水素を得ることができる。この他にもバイオエタノールのように、液状の物質から水蒸気改質により水素を得ることも重要な反応といえる。水蒸気改質の触媒としてはニッケルやその酸化物が通常使われている。ただし、こ

の反応は700〜1100℃の高温で進行させねばならず、よりよい触媒が求められている。

そこで、ロジウムとパラジウムの合金を用いた反応の効率化の研究[15]を見てみよう。第1章でも述べたように、ロジウムとパラジウムに白金を加えた触媒は三元触媒と呼ばれ、自動車の排気ガスの中に含まれるガソリンの燃えかすである炭化水素、一酸化炭素、窒素酸化物（NO_x）などの有害物質を除去するための優れた触媒である。この触媒のおかげで炭化水素は水と二酸化炭素に、一酸化炭素は二酸化炭素へと完全酸化され、窒素酸化物は窒素へと還元される。そこで、ロジウムとパラジウムの合金がどのように水蒸気改質にも働くのかは興味深い。

ロジウムとパラジウムの合金のナノ粒子（その相対比は1：1）においてはこれらの原子が互いに均一な濃度で混じりあっているのではない。栗の実を想像してみよう。栗には皮と実の部分があるように、このナノ粒子は殻と核から構成されている。そして、殻にはロジウム、核にはパラジウムがそれぞれより高い密度で存在している。このような構造をコアシェル型という。

そこで、ロジウムとパラジウムからなる合金のナノ粒子が、反応性の気体に曝されるとどのような変化を起こすかについて見てみよう。これにはやはり雰囲気下のX線光電子分光が用いられている。

ロジウムとパラジウムからなる合金のナノ粒子をシリコン表面上に担持し、まず100 mTorrのNOガスに曝してみた。すると、この殻の部分のロジウムのほとんどは酸化

されてしまう。これを 100 mTorr CO + 100 mTorr NO の混合気体に曝すと CO は CO_2 に、NO は NO_2 に酸化されるのだが、図5.12に示すように、表面の殻のロジウムの密

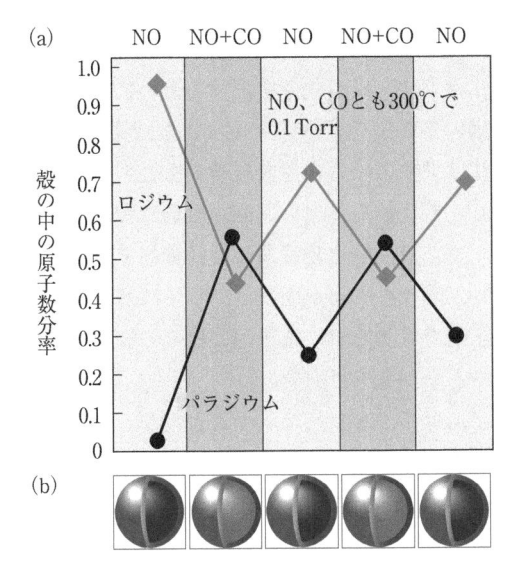

図 5.12 ロジウムとパラジウムのコアシェル型の合金ナノ粒子と反応性ガス曝露による組成変化 [15]
(a) 反応性ガス中での殻の中のロジウム、パラジウム原子数分率
(b) それに応じた合金ナノ粒子中の組成を反映させた模式図

度が低下し、パラジウムの密度が上昇する。この2種類のガスへの曝露を交互に繰り返すと、殻の部分のロジウムとパラジウムの密度は交互に増加、減少を繰り返す。このように曝される反応ガスの種類に応じて、ナノ粒子内の金属原子が表に出たり内に引っ込んだりすることが、実際に反

応ガスと接している試料について直接測定することによってわかってきた。

もう1つこの合金にまつわる話をしよう。金属のナノ粒子が酸化物表面に担持され、これが触媒機能を発揮することを今まで述べてきた。触媒のナノ粒子を保持する担体である酸化物自体も反応効率を上げるためにサイズの小さな粒子を用いることを思い出そう（3.3.2節）。ただし、酸化物担体は単にこのような幾何学的な要請に応えるためだけでなく、酸化物担体自体が触媒機能に影響を与える場合もある。これは、酸化物表面が触媒機能を持つということではなく、酸化物表面が触媒ナノ粒子に何らかの影響を与え、間接的ではあるが、結果的にはその触媒の機能発現を左右するという意味である。

そこで、ロジウムとパラジウムからなる合金によるエタノールの水蒸気改質を例にして、触媒担体がどのように触媒機能に影響を与えているかについて見てみよう[17]。

エタノールの水蒸気改質は、以下のような反応から成り立つと考えられる。

$$C_2H_5OH \rightarrow H_2 + CO + CH_4 \tag{5.5}$$
$$CO + H_2O \rightarrow H_2 + CO_2 \tag{5.6}$$
$$CH_4 + H_2O \rightarrow 3H_2 + CO \tag{5.7}$$

第1の反応はエタノールの分解であり、第2、第3の反応はそれぞれ一酸化炭素、メタンの水蒸気改質反応である。

この合金をタングステンの板に担持したものとセリア粒子（セリウムの酸化物）に担持したものを比べると、後者

の方が約8倍程多くの一酸化炭素を生成するので、同じ合金でもセリアに担持した方が触媒能が高いことがわかる。

そこで、雰囲気下Ｘ線光電子分光で核と殻の部分のロジウムとパラジウム、およびそれらの酸化物の割合を測定した。まず、タングステン上に担持した触媒を水素のような還元性の気体に曝すと、殻部分のパラジウムの密度が増えてくる。これは先に述べたのと同様である。

しかし、セリア上に担持した合金では様子が異なる。まず還元性のガスに曝しても、核、殻とも2つの金属原子の密度およびその原子数比はほとんど変化しない。そして、エタノールを含んだガスを導入すると、タングステン上の合金の表面ではどちらの金属もほぼ還元されて中性の金属状態にあるのに対して、セリア上の合金では両金属ともかなりの割合で酸化されてしまう。特に、パラジウムの酸化物の割合は核に比べて殻で大きくなっている。

これは、合金ナノ粒子の周りのセリア表面が水分子を効率良く分解し、酸素や水酸基を合金表面に供給する役目を担っているためと考えられる。そして、この表面に供給された酸素や水酸基がさらにエタノール、一酸化炭素、メタンの酸化反応を引き起こす。すなわち、担体であるセリアは酸化反応に必要な酸素や水酸基を合金表面に供給するだけではなく、合金ナノ粒子におけるロジウムとパラジウムの原子数比を酸化性、還元性に限らず一定に保つという仕事をしていることがわかる。

このように、触媒反応には触媒そのものはもちろん重要であるが、触媒を担持する土台となる担体の役割も重要で

ある。

5.5 マテリアルギャップの克服に向けて

■**酸化物超薄膜上のモデル触媒**

ここまでは主にプレッシャーギャップの克服について述べてきた。それでは、もう1つのギャップであるマテリアルギャップの克服にはどのような方法があるだろうか。

実は、こちらの方はプレッシャーギャップの克服よりもはるかに難しく、まだ現在でもこれに関する有効な手立てはあまりない。1つの方法は、先程の合金ナノ粒子に関して述べたように、金属や合金の単結晶表面を用意するのではなく、よく構造のわかった酸化物薄膜表面に担持した金属ナノ粒子を、触媒のモデルとして用いるというものである。この場合にもいろいろ克服すべき点がある。例えば、どのような酸化物表面を用いればよいかという点だが、X線光電子分光などの電子を信号として扱う方法や、走査型トンネル顕微鏡のようにトンネル電子を扱う手法には試料が導電性、すなわち電気が流れるものでなくてはならないという要請がある。それは次のような理由による。

光電子分光では、エネルギーの高い光子で原子や分子をイオン化するのだから、光電子が飛び出した後の表面にできた正電荷を打ち消すようにどこからか電子が流れてこないと、正電荷が残ってしまう。酸化物というのは通常絶縁体、すなわち電子を流さない物質であるので、イオン化が進むと試料全体が正に帯電してしまう。したがってこの状

態では光イオン化を起こそうとしても、本来なら真空中に飛び出すはずの電子が試料の正電荷による引力によって真空中へと飛び出せない。この引力に打ち勝って真空中に飛び出すとしても、その光電子のエネルギーは中性の試料から出てきた電子とはもうずいぶん違うものになってしまう。こうなると、光電子のエネルギーをもとに原子の種類やその酸化状態を知ることはできなくなる。

走査型トンネル顕微鏡の場合は、探針と試料との間に電位差をつけてトンネル電子を流す。電子を探針から試料に流す場合を考えてみよう。これが可能になるには、電子を受け取った試料がその電子を外部の回路に流して自分自身が帯電しないように注意しなければならない。酸化物表面に触媒のモデルとなる金属ナノ粒子を担持したとしても、絶縁体である酸化物が電子を流さないので、走査型トンネル顕微鏡で測定しはじめるとたちまち試料が帯電してしまい、結局、トンネル電子が流れなくなる。

この帯電の問題に対処するには、たいへん薄い酸化物を金属表面上に作製するということが必要である。薄膜の厚みを薄くすればする程、上に担持した金属ナノ粒子と薄膜を挟んで対峙する下地の金属との間には電子を流すことが容易となる。ただし、あまり薄くしすぎると薄膜状の金属酸化物が特殊な原子配列になり、担体のモデルとしては不適切になってしまうという問題がある。

■構造のそろった結晶粒子[18]

マテリアルギャップ克服のためのもう1つの方法は、で

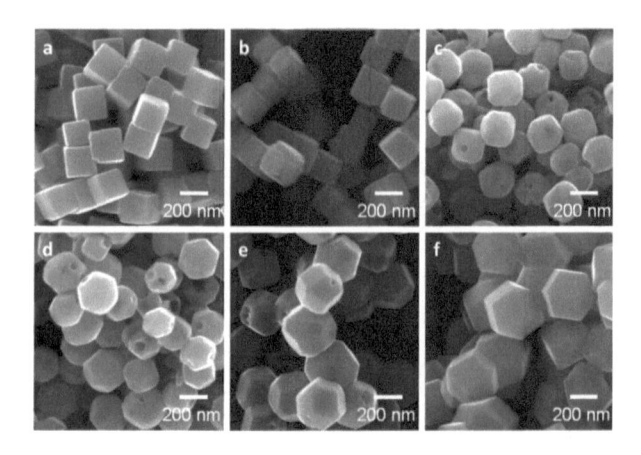

図 5.13 サイズや形状の揃った銅酸化物 (Cu_2O) のナノ結晶粒子の走査型電子顕微鏡像 [18]

きるだけ形の揃った微結晶を作製することである。図5.13に示したのは銅酸化物の微結晶である[18]。これは、いろいろな面からなる結晶で、単一の結晶面が出ているわけではないのだが、決まった面の組み合わせからなりたっており、しかも、それぞれの粒子の大きさやさまざまな面の面積の比率までよく揃っているので、これを用いて反応を検討すれば、少なくともこれらの面が関与している反応であるということが規定される。

したがって、単結晶表面に比べると表面の構造を限定することはできないが、どのような面が出ているのかもわからない触媒粒子に比べるとはるかによく規定された表面の反応の研究をすることができる。ただし、このような形と

サイズが揃った微結晶を作製することは容易ではなく、どんな物質でもこのようにうまくできるかどうかさえも、まだよくわかっていない。これからの課題である。

第6章 未来を担う触媒へ

6.1 21世紀の人類が直面する問題：エネルギー危機

本章では、現在私たちの社会が直面している問題とその解決に、どのように触媒が関わっていくかについて考えよう。

現代の人類社会が直面する問題としては、何といってもエネルギー問題、環境問題、人口問題が挙げられる。これらは互いに関係しあっている。20世紀初頭に人類社会が食糧問題に直面したことを第1章で述べた。そして、現代もさらに深刻な人口爆発によるエネルギー危機と食糧危機が予測されている。現在の地球上の人口は70億人あまりだが、2050年には90億人、そして2100年には100億人にも達するという予測がある。それに応じてエネルギーは現在の3倍以上が必要となる。これだけの人口を養うための食糧とエネルギーを、私たちはこれから賄うことができるだろうか。

2011年3月11日を境に、私たちは大きなパラダイムシフトを経験した。あの東日本大震災により私たちの社会がとても脆弱な基盤の上に築かれた楼閣であったことが、図らずも明らかになった。あの大震災は、我が国にとって第二次世界大戦での敗戦に匹敵する、あるいはそれ以上のパラダイムシフトを与えたといえるだろう。科学的にはありえないと、すべての人が薄々感じていた原子力発電の完全安全神話は脆くも崩れさった。

もともと核廃棄物を含めて、次世代が背負いきれない程

の負の遺産を残しながら束の間の享楽にふけっていたと、後世の人から指弾されても仕方がない社会を私たちは築いてきた。現在の社会活動を継続させ、私たちの生活を維持できる最低限のエネルギーを再生可能なエネルギー源で供給できる社会に軟着陸させるためにはしばらくの間原発を存続させることは必要だろうが、早晩これを廃止するしかないだろう。

それではこの社会を維持するために、必要なエネルギーを今後私たちはどう賄っていけばよいのか。このような危機的な状況に直面している私たちはどうすればよいのか。そして科学・技術はこれに対してどのような貢献ができるのだろうか。

この問題を触媒という観点から考えてみよう。すなわち、20世紀初頭、ハーバーらがもたらしたようなブレークスルーが私たちには必要なのである。

6.2 太陽光の利用

化石燃料や原子力に依存しない発電には、水力、風力、地熱を利用するもののほか、太陽光を利用するものがある。地球表面に降り注ぐ太陽光のエネルギーは1秒あたり1.2×10^5 TW（1テラワット = 1兆ワット）である。これは現在のエネルギー消費が年間 13.5 TW であるのに比べると、どれだけ膨大なエネルギー量が太陽から供給されているかということがわかるだろう。もちろん、太陽光にはさまざまな波長の光が混ざっているので、どの波長の光も

エネルギー変換に使えるというわけではない。しかし、これだけのエネルギーのほんの一部を有効に電力に変換できるだけで、私たちの将来はぐっと明るいものとなろう。

思えば、太古から生物はこの太陽の恵みを利用してきた。植物は太陽の光と水と二酸化炭素を使ってエネルギーを作りだし、その副産物として酸素を自然界に産出してきた。そして、草食性の動物は植物を餌とし、肉食性の動物が草食性の動物を餌にするという食物連鎖によって自然界の生物は共存・共生してきた。また、太古の植物や動物からできた石炭、石油や天然ガスなどの化石燃料を人類は消費し続けている。これらの化石燃料も、その元をたどればすべて太陽エネルギーを別のもの（化学物質）に変換するという植物の光合成に辿り着く。

遅ればせながら、人類もようやく太陽光を利用して電気を起こし、これを使用するようになってきた。いわゆる太陽電池である。現在、民生に供されている太陽電池は無機物のシリコンを用いたものである。この他にも光をより高効率で電気エネルギーに変換できる太陽電池を開発すべく、様々な物質の利用が試されている。

例えば、色素分子を金属酸化物に吸着させた電極を用いたもの（色素増感太陽電池）、有機物ながら半導体として働く有機半導体を用いたもの（有機太陽電池）などがある。どちらもいろいろな色素や有機半導体分子を合成できるので、これらの材料開発は合成化学者が得意とするものである。また、ごく最近では**ペロブスカイト**といった無機物である金属酸化物と有機金属をあわせた、いわゆるハイ

ブリッドした材料を用いた太陽電池が高効率であることが見出され、現在たいへん注目されている。

しかし、いずれにしても、太陽電池のように太陽光利用による発電は夜間や雨天など日光が全く利用できないか、または弱い場合には発電ができないことが大きな問題である。また季節によっても発電量が変動するため安定的なエネルギーの供給は難しい。したがって、太陽電池の高効率化とともに、よりよい蓄電池の開発とそれとの併用を考えねばならないだろう。

6.3 そして人工光合成へ

太陽電池は光エネルギーを電気エネルギーに変換する装置だが、植物のように光エネルギーを化学物質の変換に使えないだろうか。つまり、生成エネルギーの低い安定な物質Aを、光を使ってより生成エネルギーの高い物質Bに変換することができれば、光のエネルギーをそのエネルギーの高い物質Bに閉じ込めたことになる。すなわち、太陽電池と蓄電池の組み合わせで光のエネルギーを電気エネルギーとして溜めるのではなく、化学物質としてエネルギーを溜めることができるはずである。もしこれができたら、今度は物質Bを化学反応でより生成エネルギーの低い物質に変換するときに発生するエネルギーを、電気に変えることができるかもしれない。

もちろん、光エネルギーで変換したBがあまりにも不安定で、すぐに分解してしまうようではエネルギーの貯蔵

はできない。また、物質 B が元の A に戻る反応から電気を取り出せるのであれば、A→B→A という物質のサイクルが完成し、たいへん好都合である。そのような組み合わせは何だろうか。

そこで、第1章でも述べた中学校の理科で習った水の電気分解を思い出して欲しい。この場合は電解質の水溶液に浸した2つの電極（例えば、白金や炭素電極）の間に電圧をかけると、陰極からは水素分子が、陽極からは酸素分子が発生する。水の生成の自由エネルギーは -228.6 kJ/mol だから、$H_2 + \frac{1}{2}O_2$ は H_2O よりエネルギーの高い状態にある。

この反応をヒントにして次のようなことを考えよう。すなわち、太陽電池で電気を起こし、この電気を使って水を分解して水素と酸素を得る。水素と酸素は別々にしておけば、それ自身はすぐに他のものと反応するほど不安定でないので貯蔵することは簡単である。

しかし、このプロセスを実用化するためには克服しなければならないことが少なくとも2つある。つまり、太陽電池における光・電気変換効率がたいへん高くなくてはならないことと、電気分解における電極での反応がまた高い効率で起こせなければいけないということである。実際に、この太陽電池＋電気分解という方式で水を分解しようという試みが世界で行われている。

日本ではこの方式と異なった方法で、水を光分解する試みが行われている。上記のように2つのプロセスに分けるのではなく、電極を使わずに一気に水を完全に分解してし

第6章　未来を担う触媒へ

まおうという方法である。これには、金属酸化物の微粒子を用いる。つまり、水中にある金属酸化物の微粒子に光を照射すると、何とその微粒子から水素と酸素の泡が出てくるのである。

一気に水を完全分解と記したが、実際には金属酸化物に光が吸収されてから水素、酸素が発生するまでにはいくつかのプロセスがあると考えられている（図6.1）。金属酸化

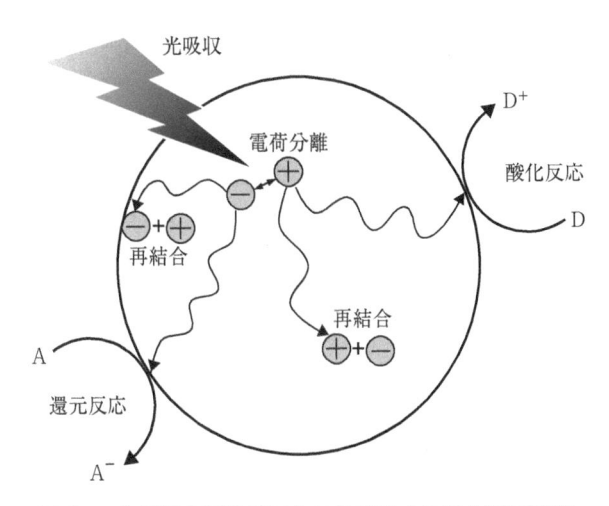

図 6.1　金属酸化物粒子における光による酸化還元反応

物は光照射前には全体として電気的には中性であるが、これに光を吸収させると金属酸化物の中で電子（e^-）と陽イオン（M^+）の組を作ることができる。電子に注目すると陽イオンというのは電子が抜けた正の電荷を持つものな

ので、正孔と呼んだりする。このようにしてできた電子と正孔というのは金属酸化物の表面で水をそれぞれ還元して水素を作り、また酸化して酸素を作ることができる。

しかし、この酸化還元反応で水を分解するには、まず光吸収で生じた2種類の電荷である電子と正孔が効率よく分離されないといけない。さもないと、せっかく光吸収で生成したのに、電子がもともとおさまっていた場所に戻って光吸収以前の状態になってしまう。あるいは、光吸収で生じた電子と正孔はちゃんと分離できたのに、電子が金属酸化物の粒子の中を移動している途中で正孔に出会いそこで再び結合して元の中性の状態に戻ってしまう。これらの過程を電子と正孔の再結合といい、これは光吸収で得たエネルギーを結局浪費するだけなので、できるだけないほうがよい。

また、このような損失過程を経ず、電子と正孔はできるだけすみやかに表面まで移動しなければならない。このような要件を満たした電荷によって金属酸化物表面上には正、および負に帯電した部分ができる。いわば、触媒の微粒子がミクロな電池になり、表面にできた局所的な電場により水の電気分解を起こすとみなすことができる。

このような水の分解を起こす金属酸化物は、太陽光をうまく吸収できる物質でなくてはならないことは言うまでもない。また、金属酸化物表面で水の酸化還元反応を起こすのだから、その反応中に自分自身が分解してしまってはいけない。残念ながら今の段階では、ベストな光触媒でも照射した光エネルギーの数パーセントの効率でしか水を分解

することができない。

　効率が悪いことの原因はいくつもある。まず、光を吸収して電子と正孔ができてもそれらが有効に分離されないと、前述したように電子と正孔が再結合して元の木阿弥となってしまう。したがって、太陽電池における p-n 接合のように、何らかの電場勾配が微粒子内に内蔵されているようなことが望ましい。また、これがあると分離した後の電子と正孔が再びめぐりあって再結合することも防げる。

　さらに問題は表面での水分解反応の速度が遅いことである。水の分解による水素、酸素発生を化学式で書くと

$$H_2O \rightarrow H_2 + \frac{1}{2}O_2 \tag{6.1}$$

と簡単だし、それぞれの水素発生の還元反応、酸素発生の酸化反応も

$$2H^+ + 2e^- \rightarrow H_2 \tag{6.2}$$

$$2H_2O \rightarrow O_2 + 4H^+ + 4e^- \tag{6.3}$$

とそれほど複雑な感じはしない。しかし、これは見かけ上に過ぎない。

　例えば、酸素発生には

$$H_2O \rightarrow H^+ + e^- + OH \tag{6.4}$$
$$OH \rightarrow O^- + H^+ \tag{6.5}$$
$$O^- + H_2O \rightarrow HOO^- + H^+ + e^- \tag{6.6}$$
$$HOO^- \rightarrow O_2^- + H^+ + e^- \tag{6.7}$$

$$O_2^- \rightarrow O_2(g) + e^- \tag{6.8}$$

のようないくつもの過程が関与していると考えられている。少なくとも4つの電子を失う酸化過程を経なければ、水から酸素分子が発生できない。したがって、どの過程に最も大きな活性化障壁があるのかを明らかにしなければならない。また、そもそも上記のような反応機構で酸素発生は起きているのかどうかもまだよくわかっていないなど、不明な点が多い。

ここでは反応機構の面から太陽光による水分解の問題点を挙げたが、よりよい光吸収体でかつ表面反応を触媒する優れた物質を開発しなければならない。このような物質により新たなエネルギー源を開発するには、反応研究とともに材料を開発する2つの研究が両輪となって互いにフィードバックをしながら前進する必要がある。これはたいへん長い道程であることは間違いないが、20世紀初頭にハーバーやボッシュが果たした役割を私たちは担っていかねばならない。

おわりに

　本書には二つの主題があった。触媒研究と表面科学研究である。この書を構成する際に、まずこの二つの主題を提示し、これがどのように関わり合いながら研究が進み、またこの二つの分野がどのようにマージし、発展してきたか、そして現在の触媒の反応機構研究の最前線がどのあたりにあるのかを示そうと試みた。そういう意味で、本書は高校生を含むまったくの初学者のみを対象とするのではなく、ある程度の物理化学や無機化学を学んだ学部学生、触媒合成や表面科学研究を始めている大学院生にも参考となるようにもくろんだ。このもくろみがどれ程成功したか、はなはだ自信はないが、読者の忌憚のないご意見が伺えれば幸いである。

　触媒反応機構の研究は、新しいフェーズに入っている。第5章に記したように、触媒作用の機構解明に向けた研究は、従来の表面科学的なものから、実用触媒が機能しているより高圧・高温条件での観察、また単結晶表面のみならず、マイクロメートルからナノメートル領域のサイズを持つ触媒粒子を対象として取り扱うような研究へと移り始めている。実際の触媒が働いている状況下での実験という意味で、これらの研究はオペランド観察といわれている。こ

おわりに

こにきて、ようやく触媒の反応機構研究は本丸に迫ってきた感がある。したがって、これから科学の道を志そうとしている若い人々にとって、触媒研究は新しいフェーズを迎えた魅力的な分野になってきていると、著者は考えている。本書がこのあたりの状況を伝えることに成功していれば幸である。

本書を書くにあたって、触媒研究や表面科学研究の歴史的な側面をいろいろ調べることが必要となった。最先端の研究を目指して学生たちと議論していると、このような部分は必ずしも必要がないので、ついつい手つかずになっていた。しかし、この機会にハーバーやラングミュアの研究ばかりでなく、彼らの人生の一端を垣間みることにより、個性ある科学者の生き方に触れることもでき、これはこれで私にとってもたいへん有意義なことだった。

この本を書くにあたっては、講談社の梓沢修氏にいろいろお世話になった。日常的な教育・研究活動の中で執筆に時間を割くのは難しく、ついつい先延ばしになるのが通例だが、梓沢氏の励ましがなければいつまでたっても上梓することはできなかったであろう。ここに謝意を表したい。

また、本書の中でとりあげた研究内容の一部には、私の研究室での成果が含まれている。この研究を実際に進めてくれたスタッフや学生の皆さんにも、改めて感謝したい。

松本吉泰

参考文献

[1] G. Ertl. Surface science and catalysis: Studies on the mechanism of ammonia synthesis: The P. H. Emmett award address. Catalysis Reviews, 21 : 201-223, 1980.

[2] G. A. Somorjai. Introduction to Surface Chemistry and Catalysis. Wiley, New York, 1994.

[3] J. Yoshinobu, N. Tsukahara, F. Yasui, K. Mukai, and Y. Yamashita. Lateral displacement by transient mobility in chemisorption of CO on Pt(997). Phys. Rev. Lett., 90 : 248301, 2003.

[4] T. Zambelli, J. V. Barth, J. Wintterlin, and G. Ertl. Complex pathways in dissociative adsorption of oxygen on platinum. Nature, 390 : 495-497, 1997.

[5] H. Brune, J. Wintterlin, R. J. Behm, and G. Ertl. Surface migration of "hot" adatoms in the course of dissociative chemisorption of oxygen on Al(111). Phys. Rev. Lett., 68 : 624-626, 1992.

[6] J. Jacobsen, B. Hammer, K. W. Jacobsen, and J. K. Nørskov. Electronic structure, total energies, and STM images of clean and oxygen-covered Al(111). Phys. Rev. B, 52 : 14954-14962, 1995.

[7] T. Matsushima, T. Matsui, and M. Hashimoto. Kinetic studies on the CO oxidation on a Rh(111)

surface by means of angle-resolved thermal desorption. J. Chem. Phys., 81：5151-5160, 1984.

[8] Y. Matsumoto and K. Watanabe. Coherent vibrations of adsorbates induced by femtosecond laser excitation. Chem. Rev., 106：4234-4260, 2006.

[9] K. Watanabe, K. Inoue, I. F. Nakai, M. Fuyuki, and Y. Matsumoto. Ultrafast electron and lattice dynamics at potassium-covered Cu(111) surfaces. Phys. Rev. B, 80：075404-10, 2009.

[10] E. H. G. Backus, A. Eichler, A. W. Kleyn, and M. Bonn. Real-time observation of molecular motion on a surface. Science, 310：1790-1793, 2005.

[11] F. Tao, S. Dag, L. -W. Wang, Z. Liu, D. R. Butcher, H. Bluhm, M. Salmeron, and G. A. Somorjai. Break-up of stepped platinum catalyst surfaces by high CO coverage. Science, 327：850-853, 2010.

[12] E. D. Boyes and P. L. Gai. Environmental high resolution electron microscopy and applications to chemical science. Ultramicroscopy, 67：219-232, 1997.

[13] P. L. Hansen, J. B. Wagner, S. Helveg, J. R. Rostrup-Nielsen, B. S. Clausen, and H. Topsoe. Atom-resolved imaging of dynamic shape changes in supported copper nanocrystals. Science, 295：2053-2055, 2002.

[14] C. Escudero and M. Salmeron. From solid-vacuum to solid-gas and solid-liquid interfaces：In situ studies of structure and dynamics under relevant conditions. Surf.

Sci., 607 : 2-9, 2013.

[15] F. (Feng) Tao and M. Salmeron. In situ studies of chemistry and structure of materials in reactive environments. Science, 331 : 171-174, 2011.

[16] J. W. A. Sachtler and G. A. Somorjai. Influence of ensemble size on CO chemisorption and catalytic *n*-hexane conversion by Au-Pt(111) bimetallic single-crystal surfaces. Journal of Catalysis, 81 : 77-94, 1983.

[17] N. J. Divins, I. Angurell, C. Escudero, V. Pérez-Dieste, and J. Llorca. Influence of the support on surface rearrangements of bimetallic nanoparticles in real catalysts. Science, 346 : 620-623, 2014.

[18] W.-C. Huang, L.-M. Lyu, Y.-C. Yang, and M. H. Huang. Synthesis of Cu_2O nanocrystals from cubic to rhombic dodecahedral structures and their comparative photocatalytic activity. J. Am. Chem. Soc., 134 : 1261-1267, 2011.

さくいん

【アルファベット】

BASF	12, 25
d軌道	102
d電子	101
p-n接合	251
p軌道	102
p電子	101
STM	150, 156, 205
s軌道	101, 102
s電子	101

【あ行】

空きサイト	98
アドアトム	85
アルミナ	84
アレニウス	65
アレニウスの式	65
アレニウスプロット	66, 94
アンサンブル効果	233
アンモニア合成	12, 88
アンモニア合成反応	94
イオン化エネルギー	219
イオン化ポテンシャル	219
一酸化炭素	30
引力	109
運動エネルギー	66, 111, 218
エルトル	89
エンタルピー	52
エントロピー	58
オストヴァルト	18
オントップ	158
オントップサイト	233

【か行】

カイザー・ヴィルヘルム研究所	27, 89, 126
回転運動	121, 191
解離	89
解離吸着	225
解離吸着過程	141
解離吸着速度	93, 96
解離吸着の谷	157
化学シフト	221
化学熱力学	52
化学平衡	60
化学反応速度論	62
活性化エネルギー	66
活性化障壁	94, 96
還元反応	216
貴金属	104
ギブズ自由エネルギー	59
吸着	89
吸着サイト	37, 38, 158

吸着等温線	37
吸熱反応	52
共鳴現象	127
均一触媒	29
金属	75
金属表面	32
空間分解能	211
クルックス卿	15
クーロン引力	151
クーロン力	218
結晶の端	76
ケミカル・キネティクス	62
原子欠陥	85
格子振動	133
光電子	219
光電子分光	219
古典力学	217

【さ行】

サイト	89
酸化還元反応	250
酸化物微粒子	84
酸化膜	225
三元触媒	30, 234
色素増感太陽電池	246
実用触媒表面	204
自発的	50
自由エネルギー変化	59
周期表	102
自由度	192
周波数	121
衝突エネルギー	66

蒸発エネルギー	52
触媒	18, 26, 29, 71, 204
触媒作用	29, 74
触媒の選択性	230
食糧危機	15
シリカ	84
試料室	212
真空技術	78
人工光合成	247
人工知能	199
振動運動	143
水蒸気改質	233
ステップ	85, 130, 136, 190, 206
正孔	250
斥力	109
ゼネラル・エレクトリック社	35
遷移金属	104
遷移元素	104
遷移状態	67
走査型トンネル顕微鏡	150, 205, 239
素過程	69, 89
束縛回転	192
束縛並進	192
束縛モード	193

【た行】

第二高調波	187
第二高調波発生	187
太陽光のエネルギー	245
太陽電池	251

さくいん

多結晶	86
脱離分子の変角分布	170
炭化水素	125
タングステン	36, 41
ダングリングボンド	76
単結晶	84, 86
単結晶表面	204
担持	84, 204
探針	153, 239
炭素フィラメント	41
担体	84
秩序性	56
窒素固定	15
窒素酸化物	30
窒素の固定化	18
チューリング	200
チューリングテスト	200
超高真空技術	80
調和振動子	123
定常状態	91
鉄触媒	19
鉄窒化物	19
テラス	86, 130, 136, 190, 206
電子顕微鏡	209
電子の軌道	101
ド・ブローイ波	210
取り得る状態	58
トロプシュ	126
トンネル現象	154
トンネル効果	154
トンネル電流	154

【な行】

ニュートン力学	217
熱平衡状態	170
熱力学	52, 61
熱力学の第二法則	59
ネルンスト	20, 34

【は行】

バイオエタノール	233
排気ポンプ	82
配向	78
パウリ	77
白熱電球	35, 41
白熱電球の長寿命化	41
爆薬製造	27
波数	128
発熱反応	23, 51
ハーバー	12, 20
ハーバー‐ボッシュ法	13, 27, 88, 136
パルスレーザー	176
反応ギブズエネルギー	60
反応経路	141
反応座標	141
反応障壁	142
反応素過程	94
反応速度	74
反応速度定数	63
反応律速過程	96
光イオン化	219
微斜面	129

非弾性衝突	118
被毒	99
被覆率	38
被覆率と圧力との間の関係	40
ビームスプリッター	177
ビュフォンの針	134
表面	74, 75, 76, 186
表面・界面科学	47
表面科学	33, 75
肥料の三要素	16
フィッシャー	126
フィラメント	36
フォトンイン-フォトンアウト	204
不均一触媒	29
物質波	210
ブラックボックス	199
ブリッジ	158
ブリッジサイト	233
フリッツ・ハーバー研究所	28, 89
プレッシャーギャップ	203
プロジェット	47
プローブパルス	182, 190
雰囲気下	211
雰囲気下での光電子分光	222
平衡	22
平衡状態	22
平衡定数	22, 60, 71
平衡濃度	61
並進運動	121, 191
ヘリコプター型の回転	148
ペロブスカイト	246
変角振動	169
飽和吸着	225
ボッシュ	12, 19, 25
ホッピング	160
ポテンシャル	111
ポテンシャルエネルギー	111
ポテンシャルエネルギー曲線	109, 121, 137, 140
ポテンシャルエネルギーの井戸	113, 122, 137, 161
ポテンシャルエネルギーの崖	172
ポテンシャル障壁	172
ホロー	159
ホローサイト	230
ポンプパルス	180, 183, 191
ポンプ-プローブ法	184, 195, 200

【ま行】

マテリアルギャップ	204, 238
ミッターシュ	12, 26
ミラー指数	86
面心立方格子	86

【や行】

融解エネルギー	52
有機太陽電池	246
余剰エネルギー	162

【ら行】

ラングミュア	20, 34
ラングミュア・ヒンシェルウッド型	167, 226
ラングミュアの吸着等温線	37, 40, 43, 93
乱雑さ	58
律速過程	69, 97
律速段階	92
ルシャトリエ	19
ル・ロシニョール	12
励起	127
励起パルス	180
レーザー	175

N.D.C.431.35　263p　18cm

ブルーバックス　B-1922

分子レベルで見た触媒の働き
反応はなぜ速く進むのか

2015年6月20日　第1刷発行
2024年3月18日　第3刷発行

著者	松本吉泰（まつもとよしやす）	
発行者	森田浩章	
発行所	株式会社講談社	
	〒112-8001 東京都文京区音羽2-12-21	
電話	出版	03-5395-3524
	販売	03-5395-4415
	業務	03-5395-3615
印刷所	(本文表紙印刷) 株式会社KPSプロダクツ	
	(カバー印刷) 信毎書籍印刷株式会社	
製本所	株式会社KPSプロダクツ	

定価はカバーに表示してあります。
©松本吉泰　2015, Printed in Japan
落丁本・乱丁本は購入書店名を明記のうえ、小社業務宛にお送りください。
送料小社負担にてお取替えします。なお、この本についてのお問い合わせは、ブルーバックス宛にお願いいたします。
本書のコピー、スキャン、デジタル化等の無断複製は著作権法上での例外を除き禁じられています。本書を代行業者等の第三者に依頼してスキャンやデジタル化することはたとえ個人や家庭内の利用でも著作権法違反です。
®〈日本複製権センター委託出版物〉複写を希望される場合は、日本複製権センター（電話03-6809-1281）にご連絡ください。

ISBN978-4-06-257922-3

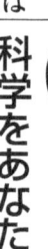

発刊のことば

科学をあなたのポケットに

　二十世紀最大の特色は、それが科学時代であるということです。科学は日に日に進歩を続け、止まるところを知りません。ひと昔前の夢物語もどんどん現実化しており、今やわれわれの生活のすべてが、科学によってゆり動かされているといっても過言ではないでしょう。

　そのような背景を考えれば、学者や学生はもちろん、産業人も、セールスマンも、ジャーナリストも、家庭の主婦も、みんなが科学を知らなければ、時代の流れに逆らうことになるでしょう。

　ブルーバックス発刊の意義と必然性はそこにあります。このシリーズは、読む人に科学的に物を考える習慣と、科学的に物を見る目を養っていただくことを最大の目標にしています。そのためには、単に原理や法則の解説に終始するのではなくて、政治や経済など、社会科学や人文科学にも関連させて、広い視野から問題を追究していきます。科学はむずかしいという先入観を改める表現と構成、それも類書にないブルーバックスの特色であると信じます。

一九六三年九月　　　　　　　　　　　　　　　　　　　　　　　　　野間省一

ブルーバックス 化学関係書

番号	書名	著者
969	化学反応はなぜおこるか	上野景平
1152	酵素反応のしくみ	藤本大三郎
1188	金属なんでも小事典	増本 健=監修 ウオーク=編
1240	ワインの科学	清水健一
1296	暗記しないで化学式に強くなる 化学式入門	平山令明
1334	マンガ 化学式に強くなる	高松正勝=原作 鈴木みそ=漫画
1508	新しい高校化学の教科書	左巻健男=編著
1534	化学ぎらいをなくす本(新装版)	米山正信
1583	熱力学で理解する化学反応のしくみ	平山令明
1591	発展コラム式 中学理科の教科書 第1分野(物理・化学)	滝川洋二=編
1646	水とはなにか(新装版)	上平 恒
1710	マンガ おはなし化学史	佐々木 泉=原作 松本ケン=漫画
1729	有機化学が好きになる(新装版)	米山正信/安藤 宏
1816	大人のための高校化学復習帳	竹田淳一郎
1849	分子からみた生物進化	宮田 隆
1860	発展コラム式 中学理科の教科書 物理・化学編 改訂版	滝川洋二=編
1905	あっと驚く科学の数字 数から科学を読む研究会	
1922	分子レベルで見た触媒の働き	松本吉泰
1940	すごいぞ! 身のまわりの表面科学	日本表面科学会
1956	コーヒーの科学	旦部幸博
1957	日本海 その深層で起こっていること	蒲生俊敬
1980	夢の新エネルギー「人工光合成」とは何か	光化学協会=編 井上晴夫=監修
2020	「香り」の科学	平山令明
2028	元素118の新知識	桜井 弘=編
2080	すごい分子	佐藤健太郎
2090	はじめての量子化学	平山令明
2097	地球をめぐる不都合な物質	日本環境化学会=編著
2185	暗記しないで化学入門 新訂版	平山令明
BC07	ChemSketchで書く簡単化学レポート ブルーバックス12cm CD-ROM付	平山令明

ブルーバックス　食品科学関係書

- 1231 「食べもの情報」ウソ・ホント　髙橋久仁子
- 1240 ワインの科学　清水健一
- 1341 食べ物としての動物たち　伊藤宏
- 1418 「食べもの神話」の落とし穴　髙橋久仁子
- 1435 アミノ酸の科学　櫻庭雅文
- 1439 味のなんでも小事典　日本味と匂学会＝編
- 1614 料理のなんでも小事典　日本調理科学会＝編
- 1807 コーヒーの科学　旦部幸博
- 1814 日本酒の科学　和田美代子／高橋俊成＝監修
- 1869 おいしい穀物の科学　井上直人
- 1935 牛乳とタマゴの科学　酒井仙吉
- 1956 ジムに通う人の栄養学　岡村浩嗣
- 1972 「健康食品」ウソ・ホント　髙橋久仁子
- 1993 チーズの科学　齋藤忠夫
- 1996 お茶の科学　大森正司
- 2016 体の中の異物「毒」の科学　小城勝相
- 2044 日本の伝統 発酵の科学　中島春紫
- 2047 最新ウイスキーの科学　古賀邦正
- 2051 「おいしさ」の科学　佐藤成美
- 2058 パンの科学　吉野精一
- 2063 カラー版 ビールの科学　渡 淳二＝編著
- 2105 焼酎の科学　山田昌治
- 2173 食べる時間でこんなに変わる 時間栄養学入門　柴田重信
- 2191 麺の科学　鮫島吉廣／髙峯和則

ブルーバックス　事典・辞典・図鑑関係書

番号	書名	著者
325	現代数学小事典	寺阪英孝=編
569	毒物雑学事典	大木幸介
1084	図解 わかる電子回路	見城尚志/高橋久
1150	音のなんでも小事典	日本音響学会=編
1188	金属なんでも小事典	増本健=監修 ウオーク=編著
1439	味のなんでも小事典	日本味と匂学会=編
1484	単位171の新知識	星田直彦
1614	料理のなんでも小事典	日本調理科学会=編
1624	コンクリートなんでも小事典	土木学会関西支部=編 井上晋=他
1642	新・物理学事典	大槻義彦/大場一郎=編
1653	理系のための英語「キー構文」46	原田豊太郎
1660	図解 電車のメカニズム	宮本昌幸=編著
1676	図解 橋の科学	土木学会関西支部=他編 田中輝彦/渡邊英一
1761	声のなんでも小事典	和田美代子 米山文明=監修
1762	完全図解 宇宙手帳	渡辺勝巳=著 JAXA=協力
2028	図解 元素118の新知識	桜井弘=編
2161	なっとくする数学記号	黒木哲徳
2178	数式図鑑	横山明日希

ブルーバックス　物理学関係書(Ⅲ)

- 2061 科学者はなぜ神を信じるのか　三田一郎
- 2078 独楽の科学　山崎詩郎
- 2087 「超」入門　相対性理論　福江 淳
- 2090 はじめての量子化学　平山令明
- 2091 いやでも物理が面白くなる　新版　志村史夫
- 2096 2つの粒子で世界がわかる　森 弘之
- 2100 プリンシピア 自然哲学の数学的原理 第Ⅰ編 物体の運動　アイザック・ニュートン／中野猿人＝訳・注
- 2101 プリンシピア 自然哲学の数学的原理 第Ⅱ編 抵抗を及ぼす媒質内での物体の運動　アイザック・ニュートン／中野猿人＝訳・注
- 2102 プリンシピア 自然哲学の数学的原理 第Ⅲ編 世界体系　アイザック・ニュートン／中野猿人＝訳・注
- 2115 「ファインマン物理学」を読む　普及版　量子力学と相対性理論を中心として　竹内 薫
- 2124 時間はどこから来て、なぜ流れるのか？　吉田伸夫
- 2129 「ファインマン物理学」を読む　普及版　電磁気学を中心として　竹内 薫
- 2130 「ファインマン物理学」を読む　普及版　力学と熱力学を中心として　竹内 薫
- 2139 量子とはなんだろう　松浦 壮
- 2143 時間は逆戻りするのか　高水裕一

- 2162 トポロジカル物質とは何か　長谷川修司
- 2169 アインシュタイン方程式を読んだら「宇宙」が見えた　深川峻太郎
- 2183 早すぎた男　南部陽一郎物語　中嶋 彰
- 2193 思考実験　科学が生まれるとき　榛葉 豊
- 2194 宇宙を支配する「定数」　臼田 孝
- 2196 ゼロから学ぶ量子力学　竹内 薫

ブルーバックス　物理学関係書（II）

番号	タイトル	著者
1701	光と色彩の科学	齋藤勝裕
1715	量子もつれとは何か	古澤 明
1716	「余剰次元」と逆二乗則の破れ	村田次郎
1720	傑作！物理パズル50	ポール・G・ヒューイット／松森靖夫＝編訳
1728	ゼロからわかるブラックホール	大須賀健
1731	宇宙は本当にひとつなのか	村山 斉
1738	物理数学の直観的方法〈普及版〉	長沼伸一郎
1776	現代素粒子物語	中嶋 彰／KEK＝協力
1780	オリンピックに勝つ物理学	望月 修
1799	宇宙になぜ我々が存在するのか	村山 斉
1803	高校数学でわかる相対性理論	竹内 淳
1815	大人のための高校物理復習帳	桑子 研
1827	大栗先生の超弦理論入門	大栗博司
1836	真空のからくり	山田克哉
1860	発展コラム式 中学理科の教科書 改訂版 物理・化学編	滝川洋二＝編
1867	高校数学でわかる流体力学	竹内 淳
1871	アンテナの仕組み	小暮裕明・小暮芳江
1894	エントロピーをめぐる冒険	鈴木 炎
1905	あっと驚く科学の数字 数から科学を読む研究会	
1912	マンガ おはなし物理学史	小山慶太＝原作／佐々木ケン＝漫画
1924	謎解き・津波と波浪の物理	保坂直紀
1930	光と重力 ニュートンとアインシュタインが考えたこと	小山慶太
1932	天野先生の「青色LEDの世界」	天野 浩／福田大展
1937	輪廻する宇宙	横山順一
1940	すごいぞ！身のまわりの表面科学	日本表面科学会
1960	超対称性理論とは何か	小林富雄
1961	曲線の秘密	松下泰雄
1970	高校数学でわかる光とレンズ	竹内 淳
1981	宇宙は「もつれ」でできている	ルイーザ・ギルダー／山田克哉＝監訳／窪田恭子＝訳
1982	光と電磁気 ファラデーとマクスウェルが考えたこと	小山慶太
1983	重力波とはなにか	安東正樹
1986	ひとりで学べる電磁気学	中山正敏
2019	時空のからくり	山田克哉
2027	重力波で見える宇宙のはじまり	ピエール・ビネトリュイ／安東正樹＝監訳／岡田好惠＝訳
2031	時間とはなんだろう	松浦 壮
2032	佐藤文隆先生の量子論	佐藤文隆
2040	ペンローズのねじれた四次元 増補新版	竹内 薫
2048	$E=mc^2$のからくり	山田克哉
2056	新しい1キログラムの測り方	臼田 孝

ブルーバックス　物理学関係書 (I)

- 79 相対性理論の世界　J・A・コールマン／中村誠太郎 訳
- 563 電磁波とはなにか　後藤尚久
- 584 10歳からの相対性理論　都筑卓司
- 733 紙ヒコーキで知る飛行の原理　小林昭夫
- 911 電気とはなにか　室岡義広
- 1012 量子力学が語る世界像　和田純夫
- 1084 図解 わかる電子回路　見城尚志／高橋久志
- 1128 原子爆弾　山田克哉
- 1150 音のなんでも小事典　日本音響学会 編
- 1174 消えた反物質　小林誠
- 1205 クォーク 第2版　南部陽一郎
- 1251 心は量子で語れるか　ロジャー・ペンローズ／A・シモニー／N・カートライト／S・ホーキング／中村和幸 訳
- 1259 光と電気のからくり　山田克哉
- 1310 「場」とはなんだろう　竹内薫
- 1380 四次元の世界〈新装版〉　都筑卓司
- 1383 高校数学でわかるマクスウェル方程式　竹内淳
- 1384 マクスウェルの悪魔〈新装版〉　都筑卓司
- 1385 不確定性原理〈新装版〉　都筑卓司
- 1390 熱とはなんだろう　竹内薫
- 1391 ミトコンドリア・ミステリー　林純一

- 1394 ニュートリノ天体物理学入門　小柴昌俊
- 1415 量子力学のからくり　山田克哉
- 1444 超ひも理論とはなにか　竹内薫
- 1452 流れのふしぎ　石綿良三／根本光正 著／日本機械学会 編
- 1469 量子コンピュータ　竹内繁樹
- 1470 高校数学でわかるシュレディンガー方程式　竹内淳
- 1483 新しい物性物理　伊達宗行
- 1487 ホーキング 虚時間の宇宙　竹内薫
- 1509 新しい高校物理の教科書　山本明利／左巻健男 編著
- 1569 電磁気学のABC〈新装版〉　福島肇
- 1583 熱力学で理解する化学反応のしくみ　平山令明
- 1591 発展コラム式 中学理科の教科書 第1分野〈物理・化学〉　滝川洋二 編
- 1605 マンガ 物理に強くなる　関口知彦 原作／鈴木みそ 漫画
- 1620 高校数学でわかるボルツマンの原理　竹内淳
- 1638 プリンキピアを読む　和田純夫
- 1642 新・物理学事典　大槻義彦／大場一郎 編
- 1648 量子テレポーテーション　古澤明
- 1657 高校数学でわかるフーリエ変換　竹内淳
- 1675 量子重力理論とはなにか　竹内薫
- 1697 インフレーション宇宙論　佐藤勝彦